舞 台 服 装

主　编　马静林　刘思彤
副主编　张忆雨　姜　甡　刘兆林

东南大学出版社
·南京·

图书在版编目(CIP)数据

舞台服装 / 马静林,刘思彤主编. — 南京:东南
大学出版社,2024.5
ISBN 978-7-5766-0997-4

Ⅰ.①舞… Ⅱ.①马… ②刘… Ⅲ.①剧装—服装设
计 Ⅳ.①TS941.735

中国国家版本馆 CIP 数据核字(2023)第 223861 号

责任编辑:颜庆婷 责任校对:周 菊 封面设计:毕 真 责任印制:周荣虎

舞台服装
Wutai Fuzhuang

主 编:马静林 刘思彤
副 主 编:张忆雨 姜 甡 刘兆林
出版发行:东南大学出版社
出 版 人:白云飞
社 址:南京市四牌楼 2 号 邮编:210096
网 址:http://www.seupress.com
经 销:全国各地新华书店
印 刷:苏州市古得堡数码印刷有限公司
开 本:787mm×1092mm 1/16
印 张:8
字 数:185 千字
版 印 次:2024 年 5 月第 1 版第 1 次印刷
书 号:ISBN 978-7-5766-0997-4
定 价:39.00 元

本社图书若有印装质量问题,请直接与营销部调换。电话(传真):025-83791830

前　言

　　本书是适用于高等职业教育"人物形象设计"专业的教材,用于培养学生服装创意和造型能力。"人物形象设计"专业起步较晚,兴起于20世纪90年代,至今不过二十多年的发展历程。人物形象设计师是一个囊括了服装设计、发型设计、化妆设计等专业技能的综合性较强的职业。服装设计是人物形象设计师工作的重要组成之一。舞台服装设计在影视剧表演、舞台剧表演等文艺节目中会直接影响人物造型效果。

　　舞台服装是塑造角色的重要因素之一,是角色的一部分。舞台服装以符合艺术形式造型法则为前提,以假定性、直观性与舞台化的形象语言为手段,使戏剧要素在演员形体上得以体现,最终创造生动、可观并渗透着戏剧性的服装形象。每件舞台服装在正式制作之前,需要预先确定它是什么风格样式,是哪个历史时期的着装,被什么角色穿,设计成什么款式,配什么色彩,选什么面料,用什么工艺,以及如何协调其他舞台要素等。本书结合理论与实践,既重视一般服装设计的共性规律,又关注舞台服装创造的特殊要求,并通过大量的设计例证,为人物形象设计或者其他服装设计相关专业的学生及业余爱好者提供参考。

　　本书由马静林、刘思彤、张忆雨、姜甡、刘兆林编写:马静林负责第一章、第三章、第四章的编写;刘思彤负责第五章的编写;张忆雨负责第二章、第六章的编写;姜甡负责第七章的编写;刘兆林作为山东省职业教育"技能大师"工作室主持人、山东省美发美容行业协会专家委员会会长、山东兰秋影视文化传媒有限公司艺术总监和人物造型设计专家,在本书的前期调研和正式编写过程中提出了大量宝贵的指导性意见。在撰写过程中,我们参阅了国内外的一些文献和网络资源的资料和图片,在此对相关材料的原创者表示感谢。由于时间仓促加之水平有限,本书的内容还存在不足之处,恳请同行及读者批评指正。

编　者

2023年9月

目　录

第一章
舞台服装概述

一、舞台服装的概念

服装是一切用来装身的物体的总称,舞台服装是服装众多分类中一个重要的分支。作为剧场艺术以及宽泛的多种表演艺术中角色用来表现形象的媒介物,舞台服装是指演员在舞台表演过程中穿戴于身的一切服饰。其狭义范畴是指常规的剧场艺术体系中服务于"舞美人物造型设计"的服饰,比如芭蕾舞剧中的纱裙羽冠、戏曲中的金冕龙袍等。随着传统戏剧、现代表演艺术及现代多门类艺术的综合发展,舞台服装也在表演形式与舞台范畴拓展的基础上进入了更广阔的领域,比如竞技体育表演服装、水上芭蕾表演服装、表演性时装秀服装、太空科幻展示表演服装等。本书中将舞台服装的广义范畴延伸为一切用来表演的穿着的物体的总称,它不仅包括狭义概念的表演服装还包括各种道具服装、饰物、服装装置等。

将与众不同的表演服装通过思维与物化的过程创造出来,也就完成了舞台服装的整个设计。表演服装设计虽然只是服装设计众多表现形式的一个大类,但它远远超越了这一体系。

艺术来源于生活,古代或者现代,中国或者外国,虚拟或者现实,只要是各种戏剧与表演形式触角所及之处,都是舞台服装设计的范畴。所以,几乎所有日常生活服装、特殊生活服装、社交礼仪服装甚至特殊作业服装都有可能被列入表演服装设计范畴。比如,歌剧《茶花女》(图1-1)的背景是19世纪的法国上流社会,表演服装设计自然是以当时的服制体系为基础。不但有晨礼服、午后礼服、晚礼服的设计,甚至还要考虑当时名媛淑女的家居服设计等。

另外一部表现20世纪80年代时代变革的舞剧《到那时》(图1-2)涉及生活中各个行业的制服形象,尤其是一些特殊行业比如消防员形象等,不仅需要从实际生活的服装门类中提炼,还要转化为具有舞台美感、符合表演性质的舞蹈服装。

图1-1 《茶花女》舞台剧剧照

图片来源：http://www.musictoday.cn/News/Detail? thread=vfW6eiAMcUiG6ng5sW5ycw，2023-8-30

图1-2 《到那时》舞台剧剧照

图片来源：https://www.d-arts.cn/article/article_info/key/mte5otqxoda2njofuxvkr4ogcw.html，2023-8-30

因此，舞台服装设计在年龄跨度上包含着从"童装"到"中老年服装"的变化，在功能跨度上包含着从"日常服装"到"道具装置"的变化，在中外服装发展史上包含着各民族、各时代的服制系统，在地理的概念上包含着各国各地域的服饰特征，还可以天马行空地想象出未来与科幻的、非人类世界的主题服装，是跨越四维空间的、经过艺术创造与融合的服装设计。

二、舞台服装的特征

舞台服装的特征是由表演的艺术性质所决定的,它与剧本或表演题材的内容情节、导演的风格构思、表演形式、舞台设计、灯光的布局甚至整场演出的资金投入、演员个体的固有条件等均有密不可分的联系,各种相关因素的复杂性综合决定了舞台服装的特性。

(一)角色服装的情节性

舞台服装是提供给舞台角色扮演者穿用的,使用者不是普通大众。因此,不同于日常服装设计通常只对基本目标消费群体定位的模式,舞台服装的每一款表演服装都具有一定的情节性。在戏剧中,诸多的剧本都对角色所处的时代、地域、种族、性别、年龄及社会地位等做出了表述,有的细致到角色的音容笑貌及服饰穿着。所以相当一部分表演服装并不是以"唯美"为设计宗旨,它们可能是丑陋的、肮脏的、破烂的,但表演服一定是基于情节性的完整设计作品。在这种情节既定的前提下,服装设计中的六个原则,即谁穿、何时穿、何地穿、穿什么、为何穿、怎么穿,有了内容限制,这就决定了表演服装设计是为具体的、有情节发展或主题内容的个体或小群体而设计。它是一种在表演本位基础上的、有所遵循、有所忠实再现的创造。

(二)舞台服装的距离性

鉴于现代表演形式越来越丰富多样,舞台表演服装设计成为一种有距离感的视觉艺术设计与产品艺术设计的兼容体。无论是传统的镜框式舞台、伸出式舞台、中心式舞台及其复合形式,抑或是探索性的小剧场形式、现代大广场表演、水上或水中表演、空中表演等,演员与观众的实际距离一般都较日常生活中人与人之间的近距离相处来得遥远,且视角更加宏观。因此就设计要素而言,表演服装设计更注重视觉效果上的重点而忽略细节,如在非必要的情况下,忽略服装内部结构线及琐碎的各类辅助构件及细节等装饰工艺,而将大量设计语言运用到服装的外轮廓造型与色彩配比上。这种舞台的距离感所造成的服饰审美的远距视效与日常服装设计中的"耐品耐看"要求截然不同,讲究剪影效果与色彩块面的醒目感(图 1-3)。

图1-3 《平潭映象》舞台剧剧照
图片来源：https://www.sohu.com/a/281574893_100302123，2023-8-30

（三）款式设计的象征性

外轮廓造型的几何化、色彩搭配的"调式系统"、配饰的运用等设计手段在表演服装设计中较普通服装设计具有更典型的概念与符号意义。日常服饰中的款式或色彩创意如果单纯是由唯美或流行因素及市场导向的话，那么表演服装设计则更多的是出于大众审美趣味中一些约定俗成的认知常识与既成概念的符号象征意义，而较少受到时尚潮流的影响。换言之，表演服装设计中某一角色穿着猩红色的服装，某一角色穿着O字造型的服装，都是有的放矢、有据可寻的。其设计目的在于利用"猩红色"在大众色彩认知中象征"鲜血"与"热情"等的"言外之意"，帮助角色更完善、更直接地表现出设计师意图表达的形象；同样，O字造型极其夸张的外轮廓给人以"浑圆、可爱、卡通、笨拙、幼稚"等符号语言提示，有助于演员借助服饰象征与观众沟通（图1-4）。

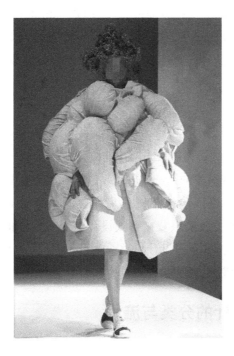

图 1-4　O 字造型舞台服装

图片来源:https://www.sohu.com/a/127973903_500120,2023-8-30

（四）材质制作的假代性

任何一款表演服装的设计、选材、制作都是需要资金投入的,没有丰富材料支撑的设计师不可能做出优秀的作品。如何在既定的经费条件下将设计最大限度忠实地物化成实样并取得较完美的艺术评价,是包括表演服装设计师在内的所有舞美设计师需要不断探索与实践的。利用上述的表演服装设计的一些特性,可以在材料设计与工艺制作环节"造假"或"替代",以贴合表演服装的服用功能,减少工时工序,降低制作难度,压缩制作成本,达到"以假乱真"的视觉效果。比如,对于少量的、局部的表演服装面料,可以用较简易的"手工绘制图案纹样"来代替烦琐及昂贵的制版印染或手工刺绣;用合成纤维材质如"仿丝绒""仿毛皮"替代天然真丝与毛皮;用金属色喷漆制造金属质感;等等。

（五）群体服装的统筹性

绝大多数的戏剧表演服装均涉及主次角色与群众角色等多个款式设计,而诸如大型开闭幕式、节日庆典文艺晚会等大多数的综艺性表演服装也会因不连贯而涉及多种款式设计。换言之,同一个表演空间常同时有多个角色出现,而同一个表演空间也常会有多个表演轮流更替,这就决定了表演服装设计不是孤立的、单独的,而是需要设计师顾此及彼、面面俱到地进行构想创意。比如,利用次要角色或群众角色表演服装的简洁款型、暗色调来突显主要角色服装的精致与艳丽;借助前一幕服用主色调的统一或协调铺陈来烘托高潮场次角色服用色间的对比与反差。在不同种类表演形式的相间演出中（如综艺类演出等），每一个节目表演服装设计的款式差别、用色调式都应做到既有所区别又相互关联，所谓对立中有统一，协调中求变化。这种前瞻性与统筹性也是表演服装设计所特有的。

（六）服装穿用的时效性

舞台表演服装的使用过程有较明显的瞬时性与功效性，体现在两个方面。其一，在某一种类的表演中穿用的服饰几乎不再适用于另一剧种或另一表演形式，即便在同种类不同剧目的表演中，服饰也极少能"串戏"。表演服装不可能像日常生活中的服饰那样可以做到互换搭配、一衣百穿。其二，在表演过程中，随着角色的转换和发展，一般会涉及"瞬时或短时换装"的问题。这就决定了表演服装在款式设计、结构设计和工艺设计上必须确保穿脱简便，要有可快速脱卸、一衣多变等设计思路。为此，表演服装的瞬时性、功能性很有可能在设计中会限制审美性的发挥，需要设计师制定出最佳设计方案。

三、舞台服装设计的分类与流程

（一）舞台服装设计的分类方法

舞台服装设计的分类主要着围绕表演本身展开。比如，按表演风格分类，有写实性表演服装设计和写意性表演服装设计。写实性表演服装包括忠实再现历史与现实的绝对写实性表演服装设计，也包括含有较多创意成分的相对写实性表演服装设计；写意性表演服装包括超越史实、含象征意味的相对写意性表演服装设计，也包括反现实、完全抽象的绝对写意性表演服装设计。按表演内容分类，有古代题材表演服装设计、现代题材表演服装设计、未来题材表演服装设计、各国各地域表演服装设计等，分别对应着各个历史时期、各个民族民间服饰的特征。按表演形式分类，有戏曲服装设计、话剧服装设计、歌剧服装设计、舞剧服装设计、杂技与马戏服装设计、综艺演出服装设计、探索性演出与展示表演服装设计等。

（二）舞台服装设计的完成程序与沟通合作流程

舞台服装设计的完成程序是指从接受设计指令到演员穿着成衣、正式上演的一系列步骤。一般分为接受指令、研读剧本、讨论沟通、设计图稿、规格结构、样衣制作、实样制作、实样修整八道程序。

1. 接受指令

舞台服装设计的指令一般都来自外界，比如各种文艺团体、电视台文艺部门、大型活动组委会与协调方等。设计师在接受指令后应该弄清指令的具体含义，包括表演形式、设计数量、创作期限等。虽然刚开始只能限于大致了解，但这有利于设计师安排充裕的工作时间,制订工作计划,越大型的演出就越需要设计师全身心的投入与付出。

2. 研读剧本

"研读剧本"这一步骤需要设计师细致周密地熟悉揣摩剧本:首先,应将表演过程中出现的所有人物角色予以标示;其次,对剧本中已有的对角色服饰的描写或提出初步构想的章节字句予以明显标示,作为今后创意时的重要依据;再次,对于设计师存有疑问而剧本中尚未进行描述的角色服装要——罗列,以便在之后的程序中进一步与导演沟通;最后,对剧本中提到的关于角色进行表演时周围的舞台环境、灯光氛围、道具形态等均要有所标示,以备创作时起到辅助限定与提示的作用。在舞台服装的设计应用过程中,在实际创作磨合阶段,剧本中的许多原始描述可能会有所改变,人物角色可能会有所删减,但仍需要设计师在研读剧本期间对现有内容了如指掌。

3. 讨论沟通

这一程序在孕育设计作品期、图稿设计期以及定稿期均有出现,是极其关键的环节。提前做好充分准备是取得成功的重要前提,沟通层面的到位与否,讨论内容的深入与否,观察与调查对象的细致周到与否,都会直接影响舞台服装设计成品的成败。

4. 设计图稿

"设计图稿"就是将构思好的舞台服装样式用效果图的形式表现出来。其实这一程序相当复杂,它必须在不断循环重复上一个步骤的情况下才能完成。

通常情况下,不同的表演形式决定了不尽相同的沟通创作流程。相对独立的、不连续的、无完整剧情的表演,比如独唱、主持、伴舞等,其沟通创作流程较简单;反之,则需要服装设计师与导演、制片、舞台设计师、灯光设计师、音乐创作人员、演员、服装制作等多部门进行密切的、有时序的、有计划的沟通、协调与配合。

5. 规格结构

规格制定是指舞台服装各部位的尺寸必须在结构设计前由舞台服装设计师和服装制作方共同完成。具体可细分为以下两个步骤:

(1)量体采寸

根据设计图稿,用软尺测量表演者各部位的净尺寸。一般在为单个或少数演员采寸时,应采用个人定制的精准方法测量,而针对数以千百计的团体表演者,应采用随机抽样测量法。

(2)数据处理

根据设计图稿,将净尺寸数据归纳分析,决定结构设计时服装的加放或缩减松量,特殊的表演服装需要在净尺寸的基础上缩减,并对批量大的服装制定型号尺码及推档数据。

舞台服装的结构设计即裁剪,也称打板,就是根据设计图稿与服装规格绘制裁剪图形。打板是在设计师的监督下,由服装制作方完成的。

6. 样衣制作

这一程序需要舞台服装设计师的全程监制。对于较难一次性达到设计视觉效果（简称"视效"）的样衣，例如有需要开模具、成批定型、成批印染等工序的，可利用替代材质加工，力求接近设计效果。样衣的缝合处应采取假缝的形式，以便对结构进行修改。

样衣制作完成后，应由对应演员进行试衣。导演及其他主创人员应参与试衣，在条件允许的前提下，最佳地点当然是在舞台上，导演、舞美、灯光、作曲等均可以做各种编排与舞美的调试，舞台服装设计师可在这种磨合下再次对设计进行修改。在试衣过程中，着装的演员可以模拟演出中一些幅度较大的动作，以此来发现并及时修正服装用料、制作中的问题，样衣制作、试衣、修改设计、再制作、再试衣，这是一个反复多次的过程。

7. 实样制作

实样是经过正式缝制后最终登台亮相的服装，包括与服装关联的所有饰品。该程序一般由服装制作方完成，舞台服装设计师可全程监制。

8. 实样修整

在服装制作方交货之后，舞台服装设计师必须认真地、完整地参与演员的着装排练及带妆彩排，对设计成品做最后的调整，服装制作方对于彩排中出现的服装损伤应及时进行修补。

四、舞台服装的现状与发展方向

舞台服装出现伊始，是为原始部落的图腾崇拜与祭神庆典活动服务的。我们至今还能在非洲的原始部落中看到族人用文身，戴面具，装饰羽毛、毛皮、花草与织物等手段，将自己装扮成动物、植物以及神灵鬼怪的模样进行庆典舞蹈与宗教活动。在中国一些比较著名的古老戏剧种类中，比如贵州傩戏、藏戏、山西赛戏等，人们将自己用特殊的，有别于日常穿着的面具、服装、饰品装点起来，既有模拟仿生、脱离现实的作用，又有助于表达欢乐、崇敬或悲哀等情绪。

就国内舞台服装设计领域而言，从早先的原始宗教表演服装到后来的话剧、歌剧、舞剧、戏曲占主导的程式化舞台表演服装，再到现今社会多种门类表演服装的涌现，日益多元化的丰富生活体验为表演题材、表演内容、表演形式的拓展提供契机，而科学生产力的突飞猛进又为舞台美术设计架构了坚实的技术平台，因此，舞台表演服装设计在此基础上得到了空前的发展与延伸。当然，面临如此翻天覆地的新形势，我国的舞台服装设计行业尚处于起步阶段，优势与挑战并存，尤其是党的二十大召开以来，提出要繁荣发展文化事业和文化产业，对精神文化层面的创作提出了更高的要求。我国的舞台表演服装设计行业现状表现在以下几个方面：

第一，随着我国国内生产总值的日益增长，人们在日常生活中的食物支出占个人消费支出的比重日趋降低，而其他需求尤其是精神文化需求不断提升，现代艺术舞台呼唤着符合时代精神的多种艺术形式的发展。中国的文艺正不断走向市场化,不论是国际领域的专业交流,还是国内日趋频繁举办的各种国家级、省市级以及地方性艺术文化活动,大至世博会、世运会,小到艺术节、戏剧节、服装节、旅游节乃至社区街道文艺演出等,都越来越重视与加大舞美包括服装设计与制作方面的投入。

第二,在现今的中国的表演舞台上,不仅有西洋的经典话剧、歌剧、芭蕾舞剧、现代舞剧等,更活跃着具有中华民族特色的戏曲、民族歌剧、民族舞剧以及其他丰富多彩的艺术表演形式,这些都赋予了表演服装设计更广阔的创作空间。

第三,舞台表演服装设计是服装设计中较为特殊的一类,普通的服装设计理论与方法并不适用于它。但国内相关的理论研究明显滞后与匮乏,国外的相关专业理论研究译本也存在重视制作而轻视设计的问题,往往以单一的传统剧种为研究对象,只是对舞台表演服装做简单分类、罗列或描述、再现,缺乏融会归纳、举一反三的创造性理论与普遍适用性原则。

第四,从事舞台表演服装设计的人员比较少。长期以来,舞台服装设计者一般有两个来源。第一种从某一剧种或该表演门类团体内部产生,一般是由退演后的演员担任;第二种来自服装行业的非表演服装设计人员,有一些是国内较为著名的时装设计师。前者常因缺乏系统的服装设计的专业知识构架,仅承袭传统或对传统戏服简单改制,很多情况下是从舞台表演服装的管理和修改组中转型而来。后者则可能由于平时过多专注于市场化品牌服装的设计,不能到位地掌握各种舞台表演服装的艺术性质与风格特点。

随着戏剧表演艺术与其他多门类艺术的融会贯通、兼容发展以及现代科技的不断进步,舞台美术设计的各个专业将经历由细分到整合、再细分再整合的循环优化过程。细分的过程是纵向的,即深化本专业的理论与实践,提升本专业的设计质量,以最佳面貌参与整合;整合的过程是横向的,即学习其他专业先进的、优秀的设计理念以及技术创意,以备在下一阶段的细分中为己所用。舞台设计师、灯光设计师、表演服装设计师、化妆设计师等的工作职能将通过不断相互渗透,尝试更新更奇的创意,寻求相得益彰的整合途径。国外的表演舞台上就出现过所有表演服装纯白一色,而表演时靠现场灯光投射出服装色彩与图案的大胆尝试。此外,人、服装、道具、装置的结合创意也赋予了表演服装突破性的设计思想,带来一场对传统表演服装设计的全新改革。

第二章

舞台服装设计

一、舞台服装设计的特征与功能

舞台服装是演员在表演时穿着的服装。它是塑造角色外部形象,体现演出风格的重要手段。舞台服装源于生活服装,但又有别于生活服装。它与化妆造型是演出活动中最早出现的造型因素。时装设计研究人和布的关系,讲究舒适性、美观性、时尚性;而舞台服装研究人物、舞台、服饰三者关系,以及艺术性、功能性、舒适性。时装更注重实用效果与时尚感,追逐潮流;而舞台服装则利用知识及技术根据舞台角色需要进行角色的外部形象设计。

学习舞台服装设计,我们所需了解的内容包含话剧、舞剧、歌剧、戏曲、音乐剧及大型演艺活动等,不仅要擅长服装设计,并且对于不同舞台上的灯光、布景、剧作、音乐都要有所了解,这样才能设计出符合导演要求、融合舞台本身的作品。同时,为了提高素养,我们也要了解经典作品,多看戏,看好戏,逐步形成自己独特的设计风格并勤加练习。

(一)舞台服装的设计特征

1. 服饰与角色形象的协调

舞台服饰美学是舞台艺术中不可或缺的一部分,它以表演和展示为主要目的,是基于舞台表演形式而发展出的美学分支。舞台服饰源于生活服饰,但与其不同,它更加注重在造型和材质上的变化和创新。作为舞台艺术中最早出现的造型因素之一,舞台服饰不仅在视觉上对观众产生影响,还能对舞台故事情节的表达和人物形象的塑造产生重要的作用。舞台服饰的美学研究主要围绕塑造角色的形象美感、营造良好的舞台氛围、体现服饰的质感美以及提升服饰的艺术效果等方面进行。在服饰与角色形象的协调中,色彩、搭配、材质等因素都需要被充分考虑。例如,服饰的色彩要符合角色的性格特征和表演情境的要求,搭配要考虑整体效果和细节的处理,材质则需要与角色的身份、地位和职业相符合。

川剧《草鞋县令》带着以民为本的初衷,讲述了纪大奎执政为民的故事,把"离微不二"的慎独精神写进了历史,刻进了世人心中。该剧的服装设计守正创新,采用几何符号化的元素进行设计,通过不规则的多组合拼贴方式形成新的装饰图案,趋向于更简约化和概念化,服装色彩、图案设计与材质选择紧贴人物性格(图2-1~图2-3)。

图 2-1 川剧《草鞋县令》剧照(一)
图片来源:https://sichuan.scol.com.cn/ggxw/202209/58606646.html,2023-8-30

图 2-2 川剧《草鞋县令》剧照(二)
图片来源:https://sichuan.scol.com.cn/ggxw/202209/58606646.html,2023-8-30

图2-3　川剧《草鞋县令》剧照（三）

图片来源：https://sichuan.scol.com.cn/ggxw/202209/58606646.html，2023-8-30

2. 色彩的运用

服装的色彩选择需要考虑剧情的背景和氛围，以及观众的感受。通过色彩的运用，可以为舞台营造出不同的情感氛围，强化角色的特征。在色彩的选择方面，要根据剧目的主题和情境来进行选择。在服饰的颜色上，一般要求与人物角色的性格、身份、社会地位相符合，以便更好地表现人物形象。在用色方面，不同的颜色可以传达出不同的情感和情绪。例如，红色代表着热情与活泼，蓝色代表着沉静与冷静，黑色通常被用于表现一些阴暗、神秘的角色，白色则通常用于表现纯洁、清新的形象。在舞台设计中，色彩的运用要注意整体的色彩协调和舞台照明的影响。

例如，男主角可以选用大方稳重的暗色系服饰，而女主角可以选用柔和妩媚的浅色系服饰，这样能更好地体现出人物的性格特点。同时，在色彩的搭配方面，也需要考虑整体的舞台效果，搭配不当会造成舞台视觉效果的混乱和不协调。在选择色彩搭配时，可以根据颜色的互补、相近、对比等原则营造出更加和谐的舞台效果。最后，在灯光的运用方面，也可以通过调整灯光的色温、亮度等参数来对服饰与角色的色彩进行补充和加强。合理运用灯光可以让服饰与角色形象更加立体鲜明，营造出更加丰富的视觉效果。

3. 剪裁与面料的选择

在剪裁方面，服装设计师需要结合角色的特点和角色所处的时代背景，进行细致的考量和设计。比如，在古装戏中，应当注意在保留传统元素的基础上，使服装更加贴合角色身形，并在细节处融入更多的创新元素，以提升服装的时尚感。而在现代戏中，设计师则需要更加注重线条的简洁与舒适度,以体现角色的现代感和时尚感。

　　《京韵红楼》音乐会根据王立平先生为 87 版电视剧《红楼梦》创作的 12 支曲,由朱绍玉先生创作编配。服装造型设计彭丁煌老师采用刀背缝和插肩袖的裁剪方式,使服装更加贴合人体,更加修身,表现女性的曲线美,符合当代审美特点(图 2-4~图 2-6)。

图 2-4　《京韵红楼》音乐会剧照(一)

图片来源:https://www.douban.com/location/drama/photo/2882859407/,2023-5-6

图 2-5　《京韵红楼》音乐会剧照(二)

图片来源:https://www.douban.com/location/drama/photo/2882859374/,2023-5-6

图 2-6 《京韵红楼》音乐会剧照（三）
图片来源：https://www.douban.com/location/drama/photo/2882859329/，2023-5-6

　　舞台服装材料的选择是舞台服装设计中极为重要的方面，合适的材料可以为角色塑造提供必要的支持，并传达出不同的情感和情绪。

　　现代舞台服装设计师有更多不同的选择，对于面料的选用，需要根据剧情、角色和舞台效果等方面进行综合考量。丝绸、麻质、棉布、毛、皮革和合成纤维等材料都具有各自的特点和适用范围，设计师应当根据角色和剧情需要，选择最适合的材质。例如，丝绸是最常用的舞台服装材料之一，因为它具有光泽和柔软的质地，可以很好地衬托角色的高贵和优雅。对于这一类角色，可以选择光泽感强的丝绸材质，以突出角色的贵气和华丽感。而对于一些潇洒、自由的角色，则可以选择轻盈、柔软的面料，以突出角色的轻盈感和自由感。棉、麻等天然纤维可以带来舒适感和自然的感觉，适用于一些质朴或者朴素的角色。皮革则常用于表现一些独立、叛逆的角色。此外，现代合成纤维材料也经常被用于舞台服装设计中，因为它们轻便，易于护理和耐用。另外，舞台服装通常具有防火、防水等特殊性能。

　　大型秦腔历史剧《大秦文公》的服装设计追求秦国时期的原始感与历史感。演员所穿的铠甲不是皮质的，而是选用特殊发泡材料，再处理出特殊的颗粒感。发泡材料的重量相对较轻，更便于演员的行动（图 2-7、图 2-8）。

图 2-7　历史剧《大秦文公》剧照（一）

图片来源：https：//mbd. baidu. com/ug ＿ share/mbox/4a83aa9e65/share? product ＝ smartapp&tk ＝ a23a3444497a98be4efbe6f8ed2d7cef&share_url ＝ https％3A％2F％2F2ly4hg. smartapps. cn％2Fpages％2Farticle％2Farticle％3F_swebfr％3D1％26articleId％3D146992274％26authorId％3D669078％26spm％3Dsmbd. content. share. 0. 16930685608967bkghd7％26 ＿ trans_％3D010005 ＿wxhy＿shw％26 ＿ swebFromHost％3Dbaiduboxapp&domain ＝ mbd. baidu. com，2023-5-6

图 2-8　历史剧《大秦文公》剧照（二）

图片来源：https：//mbd. baidu. com/ug ＿ share/mbox/4a83aa9e65/share? product ＝ smartapp&tk ＝ a23a3444497a98be4efbe6f8ed2d7cef&share_url ＝ https％3A％2F％2F2ly4hg. smartapps. cn％2Fpages％2Farticle％2Farticle％3F_swebfr％3D1％26articleId％3D146992274％26authorId％3D669078％26spm％3Dsmbd. content. share. 0. 16930685608967bkghd7％26 ＿ trans_％3D010005 ＿wxhy＿shw％26 ＿ swebFromHost％3Dbaiduboxapp&domain ＝ mbd. baidu. com，2023-5-6

音乐剧《血色湘江》这样的战争题材服装很难做出创意,既受制式束缚,又不可随意加减。彭丁煌老师在服装设计时首先把很多心思用在由新到破损血污的渐进层次上,用服装的语汇来表情达意,伤口处使用了红色网格材质。这种艺术的处理非常精彩,既有高级感又有新意(图2-9～图2-11)。

图2-9 音乐剧《血色湘江》剧照(一)
图片来源:https://v.gxnews.com.cn/a/20255038,2023-5-6

图2-10 音乐剧《血色湘江》剧照(二)
图片来源:https://v.gxnews.com.cn/a/20255038,2023-5-6

图2-11　音乐剧《血色湘江》剧照（三）
图片来源:https://v.gxnews.com.cn/a/20255038,2023-5-6

（二）舞台服装的功能

舞台服装在舞台剧中扮演着重要的角色。它可以通过颜色、款式、面料等方面来反映角色的特征和身份。比如,在历史剧中,君王穿着华丽的龙袍,而平民百姓则穿着朴素的衣服,这样观众能够迅速地理解角色的身份和地位。同样,在戏曲中,不同角色的服装也各具特色,如花旦的绸缎长裙、武将的铁甲战袍等,体现出角色的职业和性格特点。

舞台服装能够帮助演员更好地塑造角色形象,让观众更容易认识和理解角色。例如,在武侠剧中,武功高强的英雄通常穿着宽松的衣服,方便表现身手,而反派则常常穿着紧身的衣服,突出其狡猾和狠毒的形象。此外,舞台服装的颜色和款式也可以赋予角色情感色彩。在悲剧中,主角通常穿着黑色的衣服,表现出其悲痛和沉重的心情;而在喜剧中,主角则常常穿着鲜艳的服装,展现出其轻松愉快的情绪。漂亮的舞台服装能够增强观众的审美享受,使观众在欣赏演员的表演的同时也能够欣赏服装的华丽。精美的服装可以让观众更加投入地观看演出。例如,在音乐剧中,演员常穿着华丽的舞台服装。这些服装通常配合着音乐和舞蹈,给观众带来丰富的视听体验。

舞台服装也可以强化演员角色的形象,让观众更加容易理解角色的性格和特点。服装通过颜色、款式、面料和配饰等角度都可以体现角色的特征和身份。例如,摇滚歌手会穿着黑色的皮衣和牛仔裤,展现出他们的叛逆和个性;而乡村歌手则会穿着朴素的衣服,展现出他们的纯真和朴素。通过服装的设计和选择,可以让观众更深入地理解角色的内心世界,增加角色的可信度和可感知性。

二、舞台服装的形态美法则

(一)紧密结合角色的性格特点

舞台服装的形态应该与角色的性格特点相结合,展现角色的个性和情感特征。例如,性格沉稳严肃的角色应该穿着庄重、稳重的服装,如深色西装等,以展现出其内在的沉着和稳重;而性格活泼开朗的角色则应该穿着明亮、活泼的服装,如彩色衬衫和牛仔裤等,以展现出其充满活力和自信的性格特点。舞台服装的颜色、款式和细节也非常重要,这些元素可以帮助观众一眼分辨角色的特点。例如,角色性格开朗、自信,可以穿着明亮的颜色,如红色、黄色等,来表现出其个性;而角色性格内敛、谨慎,则可以穿着深色、简约的服装,如黑色西装等,来展现出其低调、稳重的特点。此外,服装细节也需要体现出角色的个性特点。例如,如果角色是一个十分讲究细节的人物,服装上应该注重细节处理。

(二)风格一致性

在同一场演出中,演员们的服装风格应该保持一致。这是因为观众需要通过服装来区分角色并理解剧情,而不同的服装风格可能会对观众产生干扰。因此,设计舞台服装需要充分考虑到所有演员的服装,以确保整个演出的服装风格、颜色和设计元素相互呼应、协调一致。例如,如果演出的是古代历史剧,那么演员的服装应该体现出年代特点,如选择棉麻、丝绸布料等,同时也要考虑到各角色的身份、社会地位和性格特点,以便让服装能够更好地展现角色的特点,让观众更好地理解剧情。在服装设计过程中,要充分利用颜色、图案和细节等元素,使整个演出的服装风格与剧情相互呼应,达到更好的视觉效果。

(三)注重舞台效果

舞台服装不仅仅是角色性格特点和剧情情感的体现,也是整个舞台效果中不可或缺的一部分。通过服装不同的形态美,可以营造出不同的舞台氛围和视觉效果。例如,一件长长的、裙摆悬垂的礼服可以增加角色的威严感,让角色看起来更加高贵优雅;而一件色彩鲜艳的、流苏摆动的服装则可以让角色看起来更加活泼、灵动。此外,通过服装的颜色和款式来强调舞台的主题和氛围也是常见的手法,比如在歌舞剧中,可以通过服装的颜色和款式来突出歌曲的主题,让观众更好地领略歌曲的情感和内涵。总之,舞台服装的形态美是一种极具视觉冲击力的手段,可以使观众更好地融入舞台剧情之中,提升舞台效果的艺术性和观赏性。

（四）结合舞台灯光

当设计舞台服装时,应该考虑舞台灯光和服装的结合,以创造出更好的视觉效果。舞台灯光可以通过不同的色彩和强度来调节舞台气氛和情感,而服装的设计也应该与之相呼应,以增强角色的形象和视觉冲击力。例如,在暗淡的舞台灯光下,服装的亮度和颜色应该更加鲜明突出,以便在舞台上产生更好的视觉效果。相反,在亮度较高的舞台灯光下,服装的颜色和细节设计应该更加简洁和清晰,以避免过于繁杂,影响观众的视觉感受。此外,在舞台灯光和服装结合的过程中,也应该注意服装的材料和纹理,不同材料和纹理的服装在不同的灯光下会产生不同的效果。例如,丝绸和库缎的服装在柔和的灯光下会产生柔和的光泽,而粗糙的棉布或麻布服装则会产生更加质朴的感觉。因此,在设计服装时,应该考虑到不同材料和纹理的特点,并结合灯光来创造出更好的效果。

三、舞台服装设计的风格样式

舞台服装来源于生活服装,但又与后者有明显的区别。因为舞台服装是为演员在舞台上演出所准备的,是塑造人物角色外部形象最为重要的工具,能够在很大程度上体现出整场演出的风格。不同的舞台服装在艺术表现方面也存在明显差异,为了更好地呈现角色状态,展现出人物形象的鲜明个性,在设计与制作过程中就必须选择艺术风格与之相对应的服装,来有效满足观众对于剧情的欣赏需要。

（一）古典主义

古典主义舞台服装设计风格是表演艺术中的一种常见风格,它通过服装设计展现出对古代文化传统的尊重和追溯。在古典主义舞台服装设计中,华丽的头饰、精致的装饰和高档的面料是其独特的特点。在头饰方面,设计师经常使用帽子、发饰、头冠等造型华丽的配饰,从而增强角色的身份认同感和视觉效果。在装饰方面,舞台服装设计师通常会在衣服的领口、袖口、下摆等处加上一些精致的装饰,如亮片、蕾丝、花边等,增加服装的层次感和华丽度。高档的面料是古典主义舞台服装设计的重要元素之一,通常使用丝绸、丝绒、库缎、纱等面料,这些面料可以营造出柔软舒适、高贵优雅的感觉(图 2-12、图 2-13)。

图 2-12　电影《茜茜公主》剧照（一）

图片来源：https://baijiahao.baidu.com/s? id=1710295836529209693&wfr=spider&for=pc&sShare=1，2023-8-6

图 2-13　电影《茜茜公主》剧照（二）

图片来源：https://baijiahao.baidu.com/s? id=1710295836529209693&wfr=spider&for=pc&sShare=1，2023-8-6

（二）现代主义风格

现代主义舞台服装设计风格是表演艺术中的一种常见风格，其特点在于强调个性化和创新，追求艺术和时尚的结合。在现代主义舞台服装设计中，流线型的剪裁、简洁的线条、抽象的图案和大胆的色彩是其独特的特点。流线型的剪裁可以使服装更贴合演员的身形，从而使演员更加自信和舒适，同时也能够展现出时尚前卫的气质。简洁的线条和抽象的图案可以有效地传达服装设计师的个性和想法，同时也能够引导观众对舞台表演产生更加深刻的印象。大胆的色彩则能够让服装更加鲜明和有活力，从而更好地传达角色的性格特征和情感状态。

（三）民族风格

民族舞台服装设计风格是对民族文化的传承和表达，体现了各民族的风貌和特点。在党的二十大精神的指引下，舞台服装设计需要更加注重中国文化的表达和传承。在民族舞台服装设计中，常见的元素包括民族图案、传统手工艺和民族特有的装饰等。这些元素不仅能够彰显民族文化的特色，也能够为角色塑造增添独特的气质和风貌。在民族舞台服装设计中，颜色是非常重要的元素之一。民族舞台服装设计常以鲜艳的颜色为主，如红、黄、绿等，这些颜色代表着各民族的特有文化和传统。同时，颜色的搭配也十分讲究，常常运用对比色、渐变色等技巧，突出服装的设计感和美感。在面料的选择上，民族舞台服装设计常使用各类具有传统特色的面料，如丝绸、棉麻、呢绒等，以展现民族文化的特色和传统。这些面料多以手工制作的方式进行加工，如刺绣、织锦、染色等技艺，这些手工艺技巧为服装增加了独特的质感和艺术价值。在服装的设计上，民族舞台服装设计师注重体现角色的个性化特点，他们通过服装设计来表达角色的性格、地位、身份等，同时也充分考虑到表演者的舒适度和动作自由度。

四、造型设计的效果图

在经过研读剧本和设计构想之后，服装设计师在搜集、整理的素材的基础上，开始进行服装款式设计，并以服装效果图的形式展示出来。服装效果图是把设计构想以视觉化方式呈现出来的第一步，它能够为主创人员，尤其是导演、美术、灯光以及演员，提供可供讨论的人物视觉形象（图 2-14～图 2-18）。

图 2-14　造型设计效果图（一）
图片来源：山东传媒职业学院学生作品

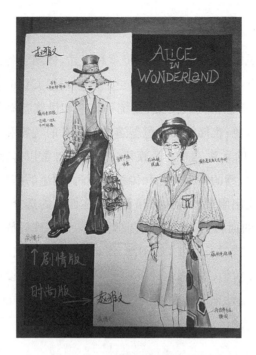

图 2-15　造型设计效果图(二)

图片来源:山东传媒职业学院学生作品

图 2-16　造型设计效果图(三)

图片来源:山东传媒职业学院学生作品

图 2-17　造型设计效果图（四）

图片来源：山东传媒职业学院学生作品

图 2-18　造型设计效果图（五）

图片来源：山东传媒职业学院学生作品

效果图的风格多种多样,但要保持整体风格与舞台作品的格调、气韵、氛围相一致,并且要能够与人物的性格、气质协调统一。

在初步方案确定之后,效果图上要附上面料的料样,用以说明服装的基本用料风格和主要用料。

五、舞台服装设计的应用

舞台服装设计不仅仅为演员提供表演服装,还通过服饰造型展现我们的民族精神,传承中国传统文化,点燃观众内心深处的文化自信。舞台服装是舞台表演的重要组成部分,它不仅仅是为了让演员更好地表现角色的形象和性格,还需要与剧情、背景和情感相一致。好的设计可以增强演员的自信和表演效果,烘托氛围,也可以吸引观众的目光,提升剧目的艺术价值。服装设计需要考虑剧本、角色和舞台布景的要求。服装的材料、颜色、形状和装饰需要与角色的个性、职业、社会地位和时间背景相一致。同时也需要考虑实用性和舞台表现要求,以便演员能够自如地移动和表演。服装的材料需要根据剧目的要求来选择,可以使用丝绸、棉布、麻布等材料来制作古装剧的服装,也可以使用合成纤维、皮革、塑料等材料来制作现代戏剧的服装。色彩搭配也需要考虑角色的性格和情感,可以选择深色调、金色系列等颜色来反映古代王公的尊贵和权力,也可以使用鲜艳、明亮的颜色来反映现代社会的生活和活力。服装的细节和装饰可以增加服装的质感和价值,如使用花边、刺绣、装饰纽扣、饰带等来装饰服装,以展现服装的独特性和美观性。但是,需要注意不要过度装饰或过于夸张,以免影响演员的表演效果。

舞蹈诗剧《只此青绿》讲述的是一位故宫青年研究员"穿越"回北宋见到画家王希孟创作《千里江山图》的故事。设计师阳东霖老师担任服装总设计的工作。在创作中,他将画中意象、宋代美学呈现在舞台上,把传统服饰文化融入服装设计。为了能更好地传达《千里江山图》带来的视觉震撼,设计师带领团队多次去故宫博物院深入研究,在上百张设计稿中不断地修改,效果图定稿后,又出了十几套服装打板。不同面料、不同色彩、不同肌理带来的可能性,都与最后呈现在舞台上极具美感的演出效果息息相关(图2-19)。

演员的舞姿犹如变化的山峦,这样震撼的舞台效果离不开巧妙的服装设计。在设计与制作过程中,设计师采用不同种类的棉麻布质,从服装的款式上强调宋代美学的雅致感,用石青与石绿作为底色,让袖子叠搭在一起时犹如山峦起伏,裙型将襦缠绕至腰间,用其层叠感形成山峦层叠之势。在面料和用色上,为了体现中国独特的审美情趣,让观众更好地感受传统之美,设计团队不断研究中国传统文化,解构宋代服饰美学,提炼创作要素。服装是穿在身上的文化,我们应该将传统服饰作为一个切入点,让越来越多的人了解中华优秀传统文化、传承传统文化,深耕传统服饰在舞台艺术上的现代表达。

舞台剧《浪潮》由上海话剧艺术中心制作出品,根据中国左翼作家联盟的五位烈士李求实、柔石、冯铿、胡也频、殷夫在上海龙华牺牲的故事创作。在这部作品中,他们的故事以全

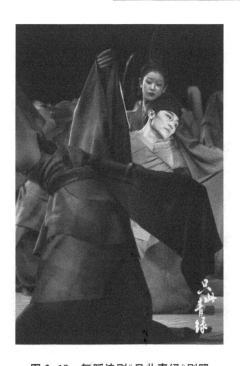

图 2-19　舞蹈诗剧《只此青绿》剧照
图片来源：https://mr. mbd. baidu. com/r/1olbpvPTfH2？f＝cp＆rs＝2633354255＆ruk＝
p4svPUis8KrybG1Lp28vzQ＆u＝0d7f86177436ee4b，2023-8-30

新的视角呈现，以跨时空对话的形式，叩问自己到底为何而死。该剧既体现了为无产阶级革命的努力、女性意识的觉醒、对封建思想的批判，也演绎了亲情、爱情、友情、师生情。

　　舞台剧《浪潮》的服装设计赵欣、刘善通选择采用皱褶元素的面料制作服装，在舞台灯光的配合下，使服装呈现出油画、雕塑般的质感（图 2-20～图 2-22）。

图 2-20　舞台剧《浪潮》剧照（一）
图片来源：https://www. thepaper. cn/newsDetail_forward_12738171，2023-8-6

图 2-21　舞台剧《浪潮》剧照（二）

图片来源：https://www.thepaper.cn/newsDetail_forward_12738171，2023-8-6

图 2-22　舞台剧《浪潮》剧照（三）

图片来源：https://www.thepaper.cn/newsDetail_forward_12738171，2023-8-6

据服化设计赵欣和刘善通介绍，因为有感于在烈士陵园看到的纪念塑像，本剧的服装大量选用了特殊面料，如五位烈士的服装就选择了在舞台灯光下极具雕塑感的面料（图 2-23、图 2-24）。

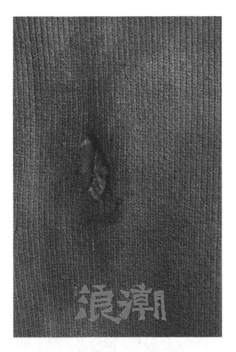

图 2-23　舞台剧《浪潮》服装局部细节(一)
图片来源:https://m. thepaper. cn/baijiahao_13109402,2023-8-6

图 2-24　舞台剧《浪潮》服装局部细节(二)
图片来源:https://m. thepaper. cn/baijiahao_13109402,2023-8-6

演员带有血污的戏服,为了避免因为下水后湿衣服过重的问题,在临演前两天,还被重新调整成了纱的面料。《浪潮》中的演员需要不断下水湿衣、不断高温烘干,因此对服装的要求会比其他戏更高,尤其需要考验服装的着色,服装设计们因此给每一件服装都做了防水纳米喷雾的处理,以保证不会掉色。

关于剧中那些从书里走出的人物,造型采用了很多折纸的工艺,整个头套有一条一条的发丝感,但又并非平面的,而是立体的(图2-25～图2-27)。

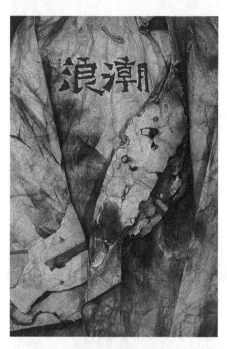

图 2-25　舞台剧《浪潮》服装造型细节(一)
图片来源:https://m. thepaper. cn/baijiahao_13109402,2023-8-6

图 2-26　舞台剧《浪潮》服装造型细节(二)
图片来源:https://m. thepaper. cn/baijiahao_13109402,2023-8-6

图 2-27　舞台剧《浪潮》服装造型细节（三）
图片来源：https://m.thepaper.cn/baijiahao_13109402，2023-8-6

五位烈士们服装上的每一个弹孔都经过了大量研究，并都与台词一一对应（图 2-28）。

图 2-28　舞台剧《浪潮》中五位烈士的服装各具特色
图片来源：https://m.thepaper.cn/baijiahao_13109402，2023-8-6

为了保证演员们在水池中的行动安全，演员们鞋子的鞋底都做了特殊处理，通过手工用矬子打磨出防滑纹路。最终，该剧的服装组前后删改、调整共耗时一个多月的时间，制作了近 150 件戏服。

舞剧《永不消逝的电波》取材自"100 位为新中国成立做出突出贡献的英雄模范人物"之一的李白。该剧以李白烈士的真实故事为素材，在尊重历史的基础上进行大胆原创，融入青春色彩、红色记忆、浪漫情怀、谍战氛围等元素，通过舞剧的独特表现形式，把石库门、弄堂、马路、报馆、旗袍裁缝店等老上海的城市特色细致入微地呈现在舞台上，以高度凝练的舞剧叙事、唯美的意象表达、灵活写意的舞台布景和谍战的紧张悬念,再现了为我党民族解放事业而壮烈牺牲的、可歌可泣的英雄形象。该剧呈现传递出来的信仰与爱,深深感动着今天享受幸福生活的每一个人。

该剧目以极具张力的整体设计,营造出沉浸式体验,其中写意的服饰造型风格更是尽显上海风情。服装在很大程度上为本剧增加了看点,除了高度贴合年代风格,兼具舞蹈演员舒展身姿的需求,设计突破表面化、常规化,力求以氛围感为剧目增色。服装用色干净,传递出质朴的优雅感,表现在那个时代具有代表性的海派气质。观众真正融入和故事并理解人物时,就能感受到其中的人文与情感。其中,有一个舞段给人留下深刻印象:伴随着《渔光曲》,身着素衣翩若惊鸿的主角在晨曦中起舞,富太太们穿着艳丽的旗袍慵懒地逛街,报社职员插科打诨的日常,弄堂清晨嘈杂的人间烟火气,以及黑暗中不断飘动着的一抹红色,由舞台上的服装与色彩构成了该剧的电影感。(图 2-29～图 2-33)

图 2-29　舞剧《永不消逝的电波》剧照(一)

图片来源:https://www.thepaper.cn/newsDetail_forward_14302346,2023-8-6

图 2-30　舞剧《永不消逝的电波》剧照（二）

图片来源：https://www.thepaper.cn/newsDetail_forward_14302346，2023-8-6

图 2-31　舞剧《永不消逝的电波》剧照（三）

图片来源：https://wenhui.whb.cn/third/baidu/202107/06/412790.html，2023-8-6

图 2-32　舞剧《永不消逝的电波》剧照（四）
图片来源：https://wenhui.whb.cn/third/baidu/202107/06/412790.html，2023-8-6

图 2-33　舞剧《永不消逝的电波》剧照（五）
图片来源：https://wenhui.whb.cn/third/baidu/202107/06/412790.html，2023-8-6

　　国外也有很多优秀的舞台服装设计案例。珍妮特·科德是一位享有盛誉的荷兰舞台服装设计师，她的设计作品多次获得国际大奖，她的舞台服装设计风格独特、精细，表现出深厚的文化底蕴，富有艺术感染力，深受观众和业内人士的喜爱和赞誉。

　　珍妮特·科德的设计风格充满想象力，富有创意。她经常运用非传统的材料和色彩来进行设计，突出时代感和艺术性。在舞台服装的设计中，她注重细节的处理，通过线条、材质和配饰等方面来增强服装的表现力和艺术感染力。在她设计的歌剧《图兰朵》的舞台服装中,她运用了复杂的细节设计和精致的刺绣工艺,打造出极具浪漫主义情调和文艺气息的服装形态,通过色彩和材质的对比,突出了角色的个性和情感,让观众沉浸在充满梦幻和浪漫的艺术氛围中(图2-34、图2-35)。

图 2-34　歌剧《图兰朵》剧照(一)
图片来源:https://www.sohu.com/a/251446702_99893257,2023-8-6

图 2-35　歌剧《图兰朵》剧照(二)
图片来源:https://www.sohu.com/a/251446702_99893257,2023-8-6

第三章

舞台服装的材料设计

　　材料是表演服装的物质载体,是设计师赖以体现设计思想的物质基础。没有材料,设计将是一纸空图。高新科技的发展将材料学领域带入前所未有的崭新天地,新材料的不断涌现,刺激着设计灵感,当然也包括舞台服装这一门类。舞台服装设计可运用的材料种类大大超越了日常服装设计材料的限制。舞台服装的材料从服用性能上提供给表演者极大的发挥潜能与表现空间;从视觉外观上,又为观众展示出一派叹为观止的想象舞台与艺术享受。

　　当然,由于舞台服装的表演特殊性,其所用材料与日常服装材料相比有一定的差异。首先,舞台服装材料须遵从表演形式对材料的特殊要求。比如,一些肢体动作较大的表演就需要服装用料具有良好的伸展性,而日常服装设计在选料方面就随心所欲得多。其次,舞台服装材料在顾及美观的同时还要考虑材料成本与制作成本的问题。因此表演服装材料往往追求的是形似,可以考虑放弃运用昂贵的真材实料。最后,舞台服装材料设计较日常服装材料设计有着更大胆、更自由的创新能动性,换言之,设计师可以在更为广阔的材料领域纵情驰骋。

一、舞台服装用材的种类

　　服用材料(即服装使用材料)包括服用面料及服用辅料两大部分。在舞台服装设计中,辅料经常反客为主,成为材料设计中的创意着眼点。因辅料的原料多由非服用材质制成,所以本书将其归入"非服用材料"予以分析。

(一)服用材料的种类与性能

1. 分类

(1)按加工方法可主要分为以下四类:机织物、针织物、皮革与毛皮材料、无纺织物。

　　A. 机织物也称"梭织物",是舞台服装设计中用得较多的服用面料之一。多由两个系统纱线交织而成,呈经纬向排列,较平整紧密。

　　B. 针织物是舞台服装设计中用得较多的服用面料之一。多由线圈组织呈连环套形式,较疏松,具有弹性,分为经编针织物和纬编针织物。经编针织物有蕾丝花边等,纬编针织物有针织汗布、氨纶布等。

C. 皮革与毛皮材料取自动物毛皮,如小牛皮、羊皮、狐皮等,属较奢侈的服用面料,因为制作成本高,较少用于舞台服装中,这种材料一般以动物背脊处的毛皮为优质。

D. 无纺织物以合成纤维紧密排列后,使用加热设备进行高温高压处理,使纤维粘连并定型。

(2) 按原料品种可主要分为以下两类:天然纤维织物、化学纤维织物。

A. 天然纤维织物有以植物种子纤维为原料的棉织物,以植物韧皮纤维为原料的麻织物,以动物毛发纤维为原料的毛织物(如绵羊毛织物、山羊绒织物、驼绒织物等),以动物腺分泌液为原料的丝织物。

B. 化学纤维织物有人造纤维织物,如粘胶、醋酶织物,还有合成纤维织物,如涤纶、锦纶、腈纶织物等。

2. 性能

(1) 棉织物:棉织物吸湿、透气、柔软,穿着舒适,染色方便且成本低廉。但棉织物易起皱,弹性和光泽度较差,常用以表现质朴无华的平民形象,温馨又具有亲和力。但棉织物与涤纶、莱卡纤维混纺以后,弹性及其他性能也有所提高。依照纱线构造与织造方法的不同,棉织物还有许多品种,风格不一,适合的表演服装种类也很丰富。

A. 平布类:如各类平布、细纺、府绸等,经纬纱密度相近,表面平整细洁。

B. 麻纱类:如麻纱、巴里纱、麦尔纱、纱罗等,轻薄稀爽且较柔软,适于表现夏装。

C. 防羽绒布类:各类防羽绒布织线紧、密度高、空隙小,适于做羽绒服、风衣等。

D. 色白格类:各类色白格、色白条细纺等,由染色纱线与白色纱线织造,"朝阳格"是典型的该类棉织物。清爽温馨,适合表现夏装、童装、少女装等。

E. 斜纹布类:如斜纹布、卡其等,表面有较明晰的斜纹肌理,相对厚实,适于表现休闲服、裤装、包袋及鞋类。

F. 劳动布类:如牛仔布、牛津布、青年布等,均为色经白纬织物,厚实耐磨,有斜纹肌理,粗犷质朴,常用来做牛仔服饰、休闲服饰等。

G. 横贡缎类:如横贡缎、直贡呢等,表面有光泽,呈缎纹肌理,较华丽,适于做裙装、外套等。

H. 泡泡纱类:利用机械或化学手段使织物表面起泡、柔爽、肌理明显,适于做童装、少女装、睡服等。

I. 绒布类:如绒布、平绒、灯芯绒等,表面有浓密绒毛,柔软丰满,肌理明显,手感佳,适于做童装、睡服等。

(2) 毛织物:毛织物柔软,给人温暖感,穿着舒适且折皱恢复性好,在舞台服装中用以表现冬装、制服等。根据纺纱加工工艺的不同,毛织物可分精纺织物与粗纺织物两类。一般而言,精纺织物采用细质高支羊毛,较细洁,手感活络、平整、挺括、滑糯、丰满,刚柔性佳,常用于高档西服、职业套装、大衣、礼服等,给人含蓄高雅而细腻内敛的感觉。粗纺织物则采用较粗的改良羊毛纱线单纱织造,经整理使之产生"纹面""呢面""绒面"效果,质地较松,外观较粗犷,手感丰满厚实,有弹性。有的表面呈纤长绒毛状,华丽独特。常可制成西服、套装、大衣、女式时装等,设计感强,富有个性。

A. 哔叽:精纺织物,表面有斜纹肌理,悬垂性佳,常用来做裤装,挺括有型。

B. 缎背华达呢:精纺织物,表面有"八"字形斜纹肌理。厚实细洁,常用来做礼服,但不宜做裤装。

C. 啥味呢:精纺织物,由染色散毛与白色毛混纺而成,表面有绒面肌理,色彩艳丽。

D. 花呢:因原料、纱线、经纬密度变化等的不同,形成各种肌理效果,属于精纺织物。

E. 板司呢:精纺织物,一般呈现双色效果,表面有楼梯形花纹,较粗犷。

F. 凡立丁:精纺织物,表面平整、轻薄,适于做夏季套装、裤装等。

G. 羊绒花呢:精纺织物,山羊绒与绵羊毛的混纺织物。质感滑糯,膜光足,但由于价格昂贵,常用其他毛呢替代。

H. 驼丝锦:有精纺织物形式,也有粗纺织物形式,是较厚重的呢料,常用来做男式礼服、西服、裤装等。

I. 麦尔登呢:呢面粗纺织物,包括麦尔登、海军呢、制服呢等。表面覆盖致密绒毛,质地繁密,手感厚实,弹性及保暖性好。常用来制作制服、学生装、大衣等。

(3)丝织物:轻薄飘逸、柔软、滑爽,染色鲜艳度极高,有自然丰润光泽且吸湿性强,穿着舒适,是较高档、运用相当广泛的表演服装面料。但丝织物不耐光、不耐水,易褪色且易皱。因此用得较多的丝织物以桑蚕丝、柞蚕丝或人造丝等为原料,在加工工艺上做了改良,不褪色、免烫、重磅弹力丝织物及其混纺产品均有很好的服用性能。因为纺纱加工工艺的不同,面料呈现迥异的外观。

A. 纺类:指质地轻薄坚韧、表面细洁的平纹丝织物。如杭纺、尼丝纺、富春纺等,薄透飘逸,适于做戏曲服装、舞蹈服装等。

B. 络类:指外观呈现络纹的丝织物,光泽柔和,抗皱性好。如双络、碧络等,肌理微妙耐品味,可做裙装、礼服等。

C. 绸类:中厚型丝织物,也是丝织物的泛称,如双宫绸、领带绸等。

D. 缎类:缎纹组织丝织物光亮平滑,如织锦缎、软缎等,色彩绚丽悦目,适于做具有民族特色的高级表演服装,如旗袍、唐装及中国古代服饰等。

E. 锦类:中国传统提花丝织物,多彩而富有少数民族情调。如蜀锦、云锦、宋锦等,富丽豪华,多用于具有民族特色的高级表演服装,如戏曲服装、民族服装等。

F. 纱类:有孔眼的纱组织丝织物,轻薄透明,挺爽美观。如茛纱、夏夜纱等,其轻盈的质地与别致的肌理适于做礼服等。

G. 绢类:质地紧密的平纹组织丝织物,光泽柔和,表面细洁、平挺。如塔夫绸等,适于做礼服、裙装等。

H. 绒类:起绒丝织物,统称"丝绒"。表面有耸立或平排的紧密绒毛或绒圈,色泽鲜艳光亮,柔软细腻,如漳绒、乔其绒等,是高级表演服装的常用面料。

(4)麻织物:用于服装中的麻织物主要是苎麻织物和亚麻织物。表面肌理粗犷而有韵味,吸光性强,穿着凉爽,不贴身,其吸湿性能强,不易受潮发霉。但麻织物易皱,着色性差,弹性差,常与棉、涤、毛等混纺以改善性能。麻织物多用来表现休闲服装或残破脏旧的贫民服饰等,也常被用作现代舞服装及一些探索性表演服装的面料。

(5)化纤织物:主要以仿天然纤维织物为主,其外观、风格都与所模仿的天然纤维织物相类似,因其价格低廉而成为低成本制作或大批量生产的表演服装的面料。一般而言,化纤织物多耐穿耐磨、抗皱、快干免烫,但服用舒适性较差,着色性差,吸湿性与透气性也较差,会产生静电现象、熔孔现象等。

A. 氨纶面料:具良好弹性的针织面料,表面平滑细洁,有柔和光泽。制成服装后不但可以紧身贴体,且伸展性好,常作为舞蹈、体育、杂技等表演服装用料。

B. 网纱:属经编针织物,表面有明显的网眼肌理,通透平挺,手感较硬。常用于舞蹈特别是芭蕾等表演服装中。

C. 涂层面料:在预先织造成的面料上覆加经特殊处理的涂层,有防水膜层、反光膜层等,透气性差,是较常用的表演服装面料。

D. 毛绒面料:在针织物底板表面植入人造绒毛而形成的化纤面料。依绒毛长度不同有长毛绒与短毛绒之分。常仿造动物毛皮视效,如虎皮、斑马皮、熊皮等。

E. 人造皮革:仿造天然皮革的外观织造成的特殊涂层面料,但较天然皮革的服用性能差。因其不受单元皮张大小的影响,不受缝制设备的局限,无需天然皮草的专用皮革缝合机,且价格低廉,在表演服装中几乎取代真皮,被广泛采用。

(6)皮革与毛皮材料:皮革材料的外观富有特殊光泽,表面粒面细洁平滑,手感柔软,像海绵般丰实、有弹性,成为歌唱、劲舞等表演服装的理想面料。常用的皮革材料有山羊皮、绵羊皮、黄牛皮、水牛皮、小牛皮、猪皮等。由于皮革材质的皮张局限性及不毛边等特性,采用拼搭、镂空、流苏等工艺使皮革演出服具有粗犷野性、原始豪放的时尚美感。毛皮材料以丰盈雍容的外观被用于表现富有的、尊贵的、艳丽的形象,常用的有狐皮、貂皮、海豹皮、水獭皮、狗皮、兔皮等。

党的二十大报告提出,大自然是人类赖以生存发展的基本条件,尊重自然、顺应自然、保护自然,是全面建设社会主义现代化国家的内在要求。必须牢固树立和践行绿水青山就是金山银山的理念,站在人与自然和谐共生的高度谋划发展。在舞台服装的材料设计的具体实践过程中,基于保护环境和维持生态平衡的考量,尽可能选用人造皮革和人造皮毛代替原生态材料。

(二)非服用材料的种类与构成方法

1. 分类

(1)按原料品种分类有木、花草、果蔬、羽毛等天然有机材料,有陶土、沙砾、石块等天然无机材料,有如金属、塑料、橡胶、玻璃等人工材料等。

(2)按材质完成度分类有现成品材料、非成品材料等。现成品材料指已有物件或既成产品的物件被直接用以表演服装的构成中,如树叶、玩具、气球、餐具、盛器等;非成品材料泛指需要以较繁复的加工制作程序来完成的舞台服装的材质。

2.构成方法

(1)点材指与整体表演服装比较,相对体积较小的单元物材。它既可以起到画龙点睛的作用,也可以作为纯装点性的辅助。表演服中"点"的材质可以是纽扣、珠子、亮片、别针、小型球状物、钱币、徽章、花朵、树叶、石子等。具体运用时以镶缀、绣缝、粘贴、串联等固定手段较多,有罗列并置、单独点缀、星罗散布等构成方式(图3-1)。

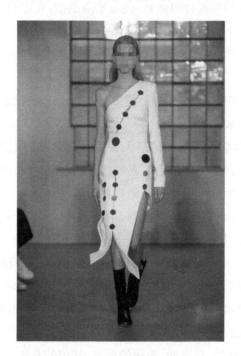

图3-1 点材构成方法
图片来源:https://www.sohu.com/a/260223975_418610? sec=wd,2023-8-30

(2)线材,顾名思义是运用在舞台服装中的纤细并具相当长度的物材。一般包括可幻化成绳状、带状、条状、细管状的材料,如各种绳索、拉链、橡筋、胶带、胶卷、铅丝、钢丝等金属丝线、光导纤维、吸管、橡皮管、竹篾条、草藤条等,常以缠绕、拉伸、吊挂、编织、纠结、盘缝、外力定型等构成手段参与表演服装的造型(图3-2)。

(3)面材有软硬之分,是制作服装时用到最多的构成方法。面材在表演服装中起着塑造服装基形或服装整体的作用,点材或线材虽然可以成为舞台服装中材料设计的创意中心,但真正只用点材或线材而不倚靠面材完成的服装少之又少。非服用面材包括报纸、卡纸、吹塑纸、蜡光纸等各种大开张纸材,木板、纤维板、PVC板、泡沫塑料板等板材,铁丝网、

图 3-2　线材构成方法

图片来源：https://zhuanlan. zhihu. com/p/23677762? refer＝ziyang，2023-8-30

铜丝网、塑胶网等集线成面的网状材质，不同厚度的涤纶薄膜等。有一些面材的开张、厚薄、软硬程度、延展性等与服用面料的特性极为相似，可以被当成服用面料进行缝合、贴合、抽褶、折叠等；有一些则需要通过外力定型、焊接、黏合、钉合甚至铸模等特殊手段来完成拼装结合（图 3-3）。

图 3-3　面材构成方法

图片来源：https://www. eeff. net/forum. php? mod＝viewthread&tid＝617315&ordertype＝1，2023-8-30

（4）体材是指较点材、线材、面材具有相对体积厚度的物材，一般只有在较大型、较夸张的表演服装中被采用。由"体材"作为创意重点的表演服装往往从造型、材料上突破了我们传统意义上的服装的概念，形成类似道具或装置的外观。"体材"涉及的材质不胜枚举，例如空罐头、空瓶子、购物纸袋、机器零件、较大型的球体、玩具、各种实心或空心的立方体（如木块、泡沫塑料块等）、大量的定型棉等，"体材"在表演服装中参与构成的方式比较特别且多变。有些"体材"通过钉合、强力结合、串联、吊挂、外力定型、焊接等多种连接方式构成服装，而这些服装更像是装纳人体的"小房子"，从高度、长度、宽度、厚度等多维指标来衡量，均超出了服装的范畴（图3-4）。

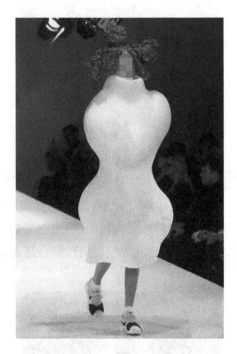

图3-4　体材构成方法

图片来源：https://www.sohu.com/a/127973903_500120，2023-8-30

二、不同肌理与材质的组合视效

由于舞台服装设计所运用的材料跨度极大，可谓千奇百怪、琳琅满目，因此如何合理而有创意地利用材质，使其既满足舞台服装的各项服用需要，又能结合本身的外观视觉效果积极参与表演服装的款式设计，是设计师需要不断摸索与学习的内容。

（一）同种材质法

由同种质地的材料制成舞台服装，就舞台服装材料的选择范围而言，这种设计方法的表现形式也是多种多样的。它可以是同种质地、同种制造技术的单一材料构成的服装，比如一套真丝双绉的连衣舞裙,或者完全由报纸做成的表演服等。这种组合形式一般能较忠实地反映单一材料的特性,可以给人以浑然天成的整体感,容易搭配协调,但也往往因材料外观缺乏对比而显得单调、呆板、无生气。它也可以是同种质地、不同制造技术的"同质不同种"材料构成的服装,比如,真丝织锦缎大袄与双绉真丝百褶长裙组合成的清朝女服,或者由绉纸、硬纸板、蜡光纸组合制成的表演服。这种组合形式较为灵活,材料之间有"大同小异"或"小同大异"的差距美感,于统一中求对比。

(二)异种材质法

由材质、制造方法都不同的材料制成表演服装。这种设计方法几乎不受材料的限制,搭配组合的余地较大,产生的对比效果较强烈,变化莫测。但要求设计者在熟悉各种材料特性的基础上加以灵活运用,否则反而弄巧成拙,形成模糊不清、烦琐杂乱、画蛇添足的局面。若要使该种设计方法淋漓尽致地发挥,较简单讨巧的方法是寻求异种材料肌理间的相似点、和谐点,结合材料的外观色彩、图案及装饰工艺等,在这些要素上求得和谐平衡,进而统一异质材料的差异。

(三)肌理模拟与改造法

对于那些成本较高、制作难度较大的表演服装材料,在实际制作过程中也可通过代用品的模拟与改造来完成。具体的模拟与改造步骤需要视舞台表演服装款式设计、材料设计方案酌情实施。有的可以在材料阶段就加以再度创作,然后制作成衣;有的则要等到服装坯样或成品制作完成后才进行改头换面。例如,当表演形式对服装的轻便程度、运动幅度要求较高时,表演服装设计中出现的"全木质"或"全金属"外观就不能用真正的木材与金属来实现,我们可以选择模拟木材与金属肌理效果以达到视觉上的"几近乱真",用木纹纸或者金属色泽的涂料或喷漆制造假象,用螺丝、钉子状小材料点缀以模仿木材与金属的连接外观,使其更逼真。再例如,在表现科幻主题的表演服装材料设计中,现有的服用面料与非服用材料很难让观众耳目一新,我们必须对大家熟悉的材料进行二度设计,从材料的肌理入手对面料进行改造。比如材料与材料的叠加,材料表面涂层,材料层次剥离、拆解、压缩、热熔等变形处理等。

第四章

舞台服装的平面展示技法

服装效果图是依靠线条、色彩、材质表现、工艺说明等各种表现手段，来呈现设计师意图的载体，它既是设计师将设计构思转化为形象语言的一种手段，也是制作服装的参照和依据。舞台服装设计的效果图是一般的服装效果图与戏剧关系的结合，它不同于生活时尚类的服装效果图。舞台服装设计的效果图不但需要充分体现服装的结构、色彩、面料质地、细节等方面，也要求突出鲜明的戏剧人物造型与演出样式，如时代感、剧种、风格、人物性格、表情、动态等方面。

一、白描勾线技法

白描勾线以服装结构为前提，采用线条勾勒以起到强化整体服装结构的作用，勾线要求简洁、概括、提炼，要表现服装的本质美，避免花哨的线条堆砌，重点表现服装面料质感和款式结构特征。白描勾线技法以单线勾勒为主，表现色彩单纯、褶皱丰富、线条清晰的服装款式，是平面展示技法中最简洁的技法。效果图完成后，可以在其中一侧粘贴面料实样和色标，使得服装款式结构、色彩与质地一目了然。不同的线条表现不同的服装样式和面料质地。例如，挺拔刚劲、清晰流畅的勾线，易产生规整、细致的效果，具有较好的装饰情趣，适用于表现轻薄而柔韧性强的服装，如丝绸、纱、人造丝等面料制成的服装，常使用的工具有钢笔、绘图笔、毛笔等；粗细兼备、刚柔结合的粗细穿插勾线适于表现较为厚重柔软的悬垂性强的服装，粗细线条穿插使画面更有立体感，常使用的工具有毛笔、弯尖钢笔；古拙有力、浑厚苍劲、顿挫有致的勾线，适于表现凹凸不平的面料效果，比如各种粗花呢、手工编织效果等，常使用的工具为毛笔(图 4-1)。

图 4-1　白描勾线技法设计图
图片来源:https://www.sohu.com/a/456445034_186278,2023-8-30

二、水彩技法

水彩技法以水彩画的表现形式为基础,运用水彩颜料晶莹、透明的特性和水彩画酣畅淋漓的艺术特点来表现服装样式。在着色时力求用笔干净利落、简练生动,绘画效果明快而淡雅,操作方便而快捷。使用水彩技法时,先用铅笔或钢笔勾画出角色动态及服装款式,再用水彩从明暗、转折的体积关系上着色,画面轻快、透明而富有飘逸洒脱的效果,但不宜计较服装细节,所表现的款式比较单纯。水彩技法分两种:一种是湿画法,先在纸上刷一遍水,待半干时再上色,这种画法适合于毛衣、毛皮类的服装;另一种是干湿结合的画法,用来表现各种质地的服装都不错,一般是趁湿画出服装的大效果,再以干笔修饰服装的细节及转折处,使服装质地表现得更加生动(图 4-2)。配合水彩画法使用的工具有铅笔、彩色铅笔、钢笔等。

图 4-2　水彩技法设计图
图片来源：https://www.duitang.com/blog/？id＝930508548，2023-8-30

三、水粉技法

　　水粉的表现力强，可厚可薄，挥洒自如，水粉技法使服装款式结构非常清晰。着色时，通常先画中间调子，然后再画亮部和暗部，可以根据个人的喜好选择从暗部到亮部或者从亮部到暗部的绘画技法。用水粉颜料在事先画好的服装款式上填充，填色要均匀，形块与形块之间交接自然，画面色彩比较浓重、鲜明、清晰，最适合表现面料的花纹和图案，也适合表现款式细节。用色时，应避免使用过于鲜艳、刺激或过于沉闷、灰暗的色彩，纯度和明度适中的色彩为宜；绘画时，用笔要果断，一气呵成，并注意笔触变化和飞白的运用（图 4-3）。

图 4-3　水粉技法设计图
图片来源：https://www.sohu.com/a/352975048_559321，2023-8-30

四、马克笔技法

马克笔分油性马克笔和水性马克笔,水性马克笔颜色透明,使用方便,价格相对便宜,油性马克笔渗透性较强,色彩纯度也较水性马克笔更高。市场上销售的多为粗细马克笔,可用粗头覆盖大面积的颜色,用细头来描绘细节。绘图时,用铅笔事先勾画好服装的款式,再根据服装结构特征着色。着色时,需要根据服装的结构特征,用笔要准确、果断、快速,使画面效果精炼而洒脱,充满现代艺术气息。纸张的选择对马克笔绘图也很重要,纸面光洁的卡纸较为适合(图 4-4)。

图 4-4　马克笔技法设计图
图片来源:https://www.eeff.net/forum.php? mod=viewthread&tid=2167786,2023-8-30

五、水溶性彩色铅笔技法

使用水溶性彩色铅笔绘图既可以照顾到细致之处,又可以显得大气。绘图时,先用水溶性彩色铅笔根据服装的固有色、虚实和结构关系涂画,然后根据画面需要,用毛笔蘸水晕染。另外,由于水溶性彩色铅笔质地细腻轻松,易着色,颜色丰富,也可作为普通彩色铅笔使用。第一种表现方式是写实性画法,运用素描的艺术规律表现服装造型和面料质感,用笔、用色讲究虚实、层次关系,以表现服装的立体效果和面料质感。第二种表现方式是突出线条的排列和装饰性线条效果(图 4-5)。

图 4-5　彩色铅笔技法设计图

图片来源：https://www.sohu.com/a/378798822_526423，2023-8-30

六、拼贴技法

拼贴技法是指采用某种特殊材料拼贴出所表现的服装款式、色彩和材质的一种效果图技法，其目的是弥补画笔与颜料无法体现的效果，直接揭示服装的肌理效果。拼贴技法首先在纸上画定所贴的形状、位置，然后将所选的拼贴材料按同样尺寸与形状裁剪好，粘贴在所画的区域，最后用画笔或色彩加以修饰、补充。拼贴的材料常选用面料、纸张等装饰材料（图 4-6）。

图 4-6　拼贴技法设计图

图片来源：https://www.douban.com/group/topic/132165119/?_i=3178216rEIDc71,4695568gc-YufV，2023-8-30

七、电脑制图技法

随着计算机辅助设计的推广和普及,我们常借助各种软件和手绘板进行效果图的绘制,通过计算机技术模拟服装表面的各种装饰效果,如配饰的添加、花边样式、各种材料肌理表现等,调整和修改起来也比较方便。完成后的效果图还可以在电脑中将款式放到已经设定的舞台环境中去检验,使舞台服装产生模拟演出的画面效果;同时,可以根据舞台灯光设计的光源位置、亮度、色彩来观察服装在演出中的实际效果,以利于同舞美的整体配合(图4-7)。

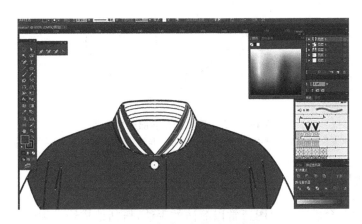

图4-7 电脑制图技法设计图

图片来源:http://www.58cad.com/soft.asp? id=202,2023-8-30

八、舞台服装效果图的风格

(一)写实风格

写实风格的舞台服装效果图接近于现实,人物的比例接近正常比例,无论是服装款式、结构、色彩,还是人物的形体和表情都表现得比较逼真、自然,接近现实生活。写实风格的舞台服装效果图较为真实和细腻,通常线条流畅、款式准确,有指导意义,是服装打板和制作样衣的重要依据。绘制写实风格的效果图需要训练自己的绘画基本功,力求准确、生动地表现人体动态和服装结构。但是写实风格不是对生活的简单复制,而是一种艺术化的真实表现(图4-8)。

图 4-8　写实风格的舞台服装效果图
图片来源:http://www.yichen88.com/Article/wtfzdsjgch.html,2023-8-30

(二)写意风格

写意风格的舞台服装效果图通常以简洁的手法,概括地描绘人物的形态和神韵,以抒发作者的审美情趣。这种手法落笔大胆、用笔迅捷、色彩凝练生动,着眼于服装的主要特征,舍弃复杂琐碎的细节造型,能够很好地处理虚与实、详与略的关系。绘制写意风格的效果图对绘制线条、渲染色彩、勾勒结构的造型能力要求更高,应具备对真实造型的归纳能力,通过简化而提升效果图的表现力(图 4-9)。

图 4-9　写意风格的舞台服装效果图
图片来源:https://www.eeff.net/thread-1986475-1-1.html,2023-8-30

（三）装饰风格

装饰风格源于19世纪末20世纪初的新艺术运动,艺术家们从原始艺术、巴洛克艺术、洛可可装饰艺术、日本浮世绘、中国古代装饰画及其他东方艺术中汲取其单纯的形式感,提倡装饰性、平面化以及对图形和色彩的高度概括、提炼和加工,并按照美的法则进行夸张变形,采用带有图案化语言的风格。装饰风格的舞台服装效果图中的人物动态、比例、结构可以适度变形,服装结构与面料装饰强调图案美,不要求细节具体,往往需要使用服装结构图加以补充说明(图4-10)。

图 4-10 装饰风格的舞台服装效果图
图片来源:https://www.duitang.com/blog/? id=848375406,2023-8-30

九、服装面料质地的表现技法

服装面料质地的表现是效果图的重要内容之一,不论何种织物,从条纹、格子纹、几何纹到印花布图案等,对其图案或肌理效果的组合、尺寸、色彩都需要细致描绘。整体服装的图案描绘不能像画平面的花布那样,必须根据服装款式的特点、人体的凹凸、前后关系以及转折情况的变化进行表现。在画法上必须借助于概括的手法,强调其特征。同时,还须运用色彩来表现服装的面料质感和转折。

（一）薄型面料

薄型面料主要是指纱类、丝绸类和其他织物类中薄而轻的面料,如塔夫绸、双绢绸、薄棉布、亚麻布、雪纺纱、玻璃纱等。表现这类织物时,大多采用水彩画法或薄水粉画法。因为水彩和薄水粉有清新、透明、湿润、流畅等特点,适合表现具有透明感、飘逸感的薄型面料,还可以用淡彩勾线表现面料的质地(图 4-11)。

图 4-11　薄型面料表现

图片来源:https://www.sohu.com/a/435904932_186278? sec=wd,2023-8-30

(二)粗纺面料

粗纺面料质地紧密、外观粗糙,有绒毛覆盖,通常色彩沉稳,组织结构清晰。用它制成的衣服外轮廓通常比较挺括,可用多层涂压色彩的方法表现粗纺面料的外观特点。粗纺面料首先可以选用多层涂压色彩的方法来表现,也可以在平涂的色块上用牙刷刷毛、揉皱、勾画等做肌理,产生一定的粗糙效果。粗纺面料有明显的织物结构,如人字纹、犬齿纹等织物结构,描绘时要若隐若现,要有从明显到含蓄的过渡,画面要避免琐碎,也不能在整个服装上均匀地全部画上组织结构的纹理,而应该把精力着重放在上半身或视觉较集中的部位来突出面料的纹理(图 4-12)。

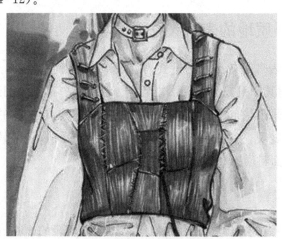

图 4-12　粗纺面料表现

图片来源:https://www.sohu.com/a/435904932_186278? sec=wd,2023-8-30

（三）针织面料

针织面料柔软、舒适、纹理清晰,用它制成的服装具有良好的弹性,穿着时紧贴人体。绘制时,应着重表现针织服装的弹性和紧身的特点,模仿面料的组织结构纹理,抓住针织服装柔软、外形不稳定的轮廓特征。针织服装面料质地柔软,轮廓线条圆润,略略表现一下纹理就能取得逼真的效果(图 4-13)。

图 4-13　针织面料表现

图片来源:https://www.sohu.com/a/435904932_186278? sec＝wd,2023-8-30

（四）编织类面料

编织服装比一般衣料厚,伸缩性大,穿着舒适,不同的花纹与款式使编织面料服装具有不同的风格。因编织方式的不同和线粗细的不同,编织物表面会出现许多不同的花样,有凹凸花样、镂空花样、实心花样等,不同的花样又会产生不同的花纹,如条纹、波纹、横纹、斜纹、格纹等,这些都是描绘编织面料时应重点表现的花纹。绘制编织面料可先用水彩或薄水粉着上一层底色,待干后,再以油画棒或色粉笔画出纹理或图案(图 4-14)。

图 4-14　编织面料表现

图片来源:https://www.sohu.com/a/435904932_186278? sec＝wd,2023-8-30

（五）牛仔类面料

牛仔类面料厚而硬,衣片缝合处和贴袋处都采用双辑线,这既能增加牢度又有装饰作用。在表现面料质感时,可用涂抹干擦的方法来表现粗、厚、硬的外观效果,并描绘出这类面料独特的双辑线迹,使牛仔面料的特征更为明显(图4-15)。

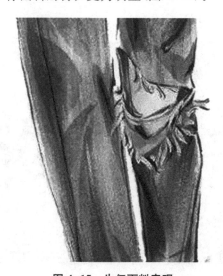

图4-15　牛仔面料表现

图片来源:https://www.sohu.com/a/435904932_186278? sec＝wd,2023-8-30

（六）毛皮类面料

毛皮类服装由于毛的长短不同和曲直形态、粗细程度及软硬程度的不同,所表现的外观效果也各异。毛皮类面料在具体刻画时,可以先用清水平涂一遍,趁水分未干时,根据形体的起伏着色,边缘用干净湿笔接一下;然后将毛笔尖端散开来着色,画出一组组的毛;最后用细笔蘸亮色将毛的光泽表现出来。绘制的时候可从毛皮的结构和走向着手,也可从毛皮的斑纹着手,应着重刻画毛皮的边缘轮廓,以表现其质感和厚度(图4-16)。

图4-16　毛皮面料表现

图片来源:https://www.sohu.com/a/435904932_186278? sec＝wd,2023-8-30

第五章

服饰美学与搭配艺术

一、服饰美学

（一）服饰与美学概述

服饰的概念

服饰是装饰人体物品的集合，主要包括衣服、鞋、帽、袜子、手套、围巾、领带、包、伞等等。服饰是"服装"和"饰品"的简称，其中"服装"是指一切蔽体的东西，"饰品"是指增加人们形貌华美的装饰物。服饰的功能主要包括遮羞、御寒及装饰功能。服饰的起源最早可以追溯至旧石器时代早期。《鉴略·三皇纪》记载"有巢氏以出""袭叶为衣裳"，意思是旧石器时代早期的部落之一有巢氏将树叶做成了衣服，这是关于服饰文化的最早记载。此时的服饰只是采用树叶和动物毛皮等天然材料制作成的简单服装，目的是遮羞御寒。随着生产力的发展，服饰的种类、材料、颜色和功能等都实现了多元化的发展。服饰的概念也在被不断拓展更新。

（1）美学的基本概念

美学是哲学的一个分支，主要论述美和美的事物，特别强调对审美鉴赏力的判断。美学是研究美的一般规律与原则的科学，主要探讨美的本质、艺术和现实的关系、艺术创作的一般规律等等。由此可见其研究对象是审美活动。美学既是一门思辨学科又是一门感性的学科，它对于审美对象的研究是从人的角度出发的。美学与一切人文学科如哲学、文艺学、心理学、伦理学等都有着密切的联系。美学形成独立学科可以追溯到古希腊时期的柏拉图和苏格拉底。柏拉图主义最突出的贡献就是把美、美感和艺术的论述从"混沌"中逐步过渡到"秩序"化与理性，这也是美学的雏形。1750年德国美学家鲍姆嘉登的学术专著《美学》一书出版，宣告了美学作为一门独立的学科正式成立。因此，我们把鲍姆嘉登尊崇为"美学之父"。

（2）搭配的基本概念

服饰搭配是指服饰形象的整体设计、协调和配套。服饰搭配既与服饰本身有关，又与服饰的穿着者、周围环境等因素密不可分,服饰搭配包含了服装款式要素、服装色彩要素、服饰配件要素和个人条件要素等,这些要素相互交错,影响着整体的着装面貌。服饰搭配包括服装、配饰、发型和化妆等因素在内的组合关系,而且涉及造型、色彩、肌理、纹饰等诸多要素。服饰搭配是一门综合性的艺术,其不仅仅是服装及饰品的综合表现,更重要的是服饰搭配美具有一定的相对性,一旦脱离了一定的环境、时间的背景,脱离了着装的主体,是无所谓服饰搭配美的。

（3）舞台服饰美学解析

舞台服饰美学是研究舞台服饰美的科学,是基于表演和展示的美学分支。舞台服饰源于生活服饰,但又区别于生活服饰。它和化妆是演出活动中最早出现的造型因素。舞台服饰美学的原意是指"针对一个特定的目标,在计划的过程中求得一种问题的解决和策略,进而满足人们的审美需求的学科"。舞台服饰一般分人物服饰（戏剧人物服饰,包括话剧、歌剧、舞剧、戏曲等中的人物服饰）、演员服饰（表演音乐、舞蹈、杂技、魔术、曲艺等演员服饰）两大类。舞台服饰色彩虽然以色彩学的基本原理为基础,然而它毕竟不是纯粹的造型艺术作品,舞台服饰色彩与美术作品的色彩也有明显的区别,其色彩具有特殊性。舞台服饰美学主要围绕着塑造角色的形象美感,营造良好的舞台氛围,体现舞台服装的质感美,提升舞台服饰的艺术效果等功能对服饰的色彩、搭配、材质等影响美的因素进行主要的研究。

（二）服饰艺术解析

服饰美的根源

在历史发展的长河中,人们对于美的追求从未间断。在物质水平高层次发展的现代,服饰美已经成为当今社会的潮流和时尚。社会是以人为核心的,社会美的核心便是人的美。而人的美又分为外在美与内在美。外在美是指一个人的外在形象美,包括相貌、形体美、服饰美、姿态动作美和气质美等等。其中服饰美起着关键性的修饰作用,服饰美包括服装、发型、挂件、化妆、配饰等等。服饰美可以塑造人体美、勾画出姿态美、创造风度美。而人的内在美即精神美,也往往依靠着服饰美来增添光彩。所以人的美,不管是内在美还是外在美都离不开服饰美的衬托。

服饰在历史的发展中发挥着重大的作用。随着人类文明的进步,服饰的社会功能的重心早已从遮羞、御寒的基本功能转向了修饰功能。纵观历史不同的朝代皆有其独具特色的服饰文化。服饰的创新也是推进人类社会进步的重要标志。如今社会,人们对服饰美的追求已成为日常生活中极为重要的组成内容。

（1）服饰与美学的关系

纵观服饰的发展史可知服饰与美学是密不可分、相互促进的。服饰是美的载体,美是服饰的体现。服饰与美学的关系主要有四种:第一,服饰传达人的外在美。服饰艺术特有的表现形式、主题、造型、材质和装饰方式等最能体现人们的审美特征。服饰的外在美可以被人们直接感知并产生审美愉悦。服饰可以修饰人的相貌、身材等并展示出人的身份、地位。在观察服饰时，可以去分析造型、色彩、材料和工艺给穿着者带来的比较显性的美感内容。第二，服饰映衬内在美。服饰的内在美是指由服饰而表达出来的穿着者的心灵之美，是服饰的着装状态与观察者的心灵互相感应之后被感知的也是通过人的内心活动、气质和个性表现出来的。对服饰内在美的感知需要观察者有较高的心理素质和审美水平，需要人们在对社会面貌、文化源流、思想观念、物质水平和精神状况正确认识的基础上，挖掘和探索深藏在心灵之内的美。第三，服饰展现的个性美。每个人都有自己的个性，因此每个人对服饰的选择和搭配也会各不相同。根据人的服饰能够展现出不同的个性美。第四，服饰展现了独特的审美趋势。服饰自旧石器时代发展至今已经历了漫长的历史，各时期的不同服饰特色展现了审美趋势。周朝服饰因场合而异；春秋时期服饰有了阶层之分；唐朝服饰更加开放、华美。每个时代都有其独特的服饰风貌和样式，流行无处不在。服饰发展至今，又开始回归自然，以简单素雅为主要趋势。

（2）服饰美学的特点

作为依附于人体并表现人体特征的服饰艺术，在美学中，也属于生活美的范畴。这种与人结合最为紧密的服饰美学有别于一般的艺术，在众多美学领域中拥有自己的特色。服饰美是一种整体美，服饰与人结合构成人的外观形象。这种人与服饰、人与环境的和谐状态就是服饰美学研究的一个重点，只有将三者间的关系协调到一个平衡的状态，才能达到美的最佳效果。服饰有"人的第二皮肤"之称，因此它的存在价值以及它所传达的美感都是作为人体美的一种附庸而体现的。服饰必须与人以及人的生活相结合才构成完整意义上的美。如果脱离人体或人的生活，服饰美也就成了无皮之毛、无本之木，毫无意义。

（三）服饰美的表现形式

服饰中蕴含着形式的美感

形式美是指自然生活与艺术中各种形式要素按照美的规律组合后所具有的美。在美学上有人把形式美分为外形式和内形式。外形式是指客观事物的外形材料的形式因素，如点、线、面、形、体、色、质、光、声、动等，以及这些因素的物理参数，如线的长短、粗细、曲直、虚实，色彩的明度、纯度与色相，质感的光滑与粗糙、厚重与轻薄，又如成衣的长短宽窄，服饰的廓形、面料以及纹饰的色彩肌理，局部结构的形状等。内形式是指将上述这些因素按照一定的规律组合起来，以表现内容完美的组织结构，如对称、平衡、对比、衬托、点缀、主次、参差、节奏、和谐、统一等。内形式又称为造型艺术的形式美法则。

服饰的形式美与其他艺术设计中的形式美有许多共同之处，都存在对称、均衡、节奏、韵律等美的规则，但又具有一定的特殊性，即不论是服饰上的线条的分割，还是服饰廓形的选择、色彩的布局，都要符合服饰的特性。形式美的法则体现在服饰的造型、色彩、肌理以及纹饰等多个方面，并通过具体的细节（如点、线、面）、结构、款型等表现出来。

服饰中形式美感的表现

形式美是服饰设计艺术的灵魂,对视觉形象塑造成功与否具有决定性的作用。在服饰形象中,色彩、造型、材质、图案、形体等形式要素按照一定的方法和规律组合后,使服饰美与人体体态美密切统一,形成服饰的形式美感。这些形式因素在服饰中的组合情况非常复杂,而且富于变化。

(1)比例

服饰设计中的比例分割,往往需要凭借审美的经验根据实际人体的比例特点来相应把握。一方面遵照惯用的审美比例原则分割,另一方面依据特有的审美倾向营造,以便形成良好的款式效果。不同面积的色彩、不同质地的面料与配饰的比例设置构成了既是主体也是客体的服饰形象,而不同程度的比例变化都将导致穿着式样的推新。对于服饰来讲,比例就是服饰各部分尺寸之间的对比关系。例如裙长与整体服饰长度的关系,贴袋装饰的面积大小与整件服饰大小的对比关系,等等。对比的数值关系达到了美的统一和协调就被称为"比例美"。

(2)对称美

所谓对称是指在视觉艺术中等量不等形的平衡。在用对称形式构成的服饰中均可以找到一个中心点或一条中轴线,当中心或中轴两边的分量完全相当的时候,也就是视觉上的重量、体量等感觉完全相等时,必然出现两边的形状、色彩等要素完全相同的形态,也就形成了规律性的镜面特征。因为人体本来就是对称的,出于人们对于左右对称的视觉以及心理惯性,在服饰上往往也把对称作为主要的形式,以求获得一种视觉上的稳定感。在服饰的廓形乃至细节的布局上,无不显示着对称与均衡之美。如服饰上分割线的布局,口袋和纽扣的处理多以对称的形式出现,尤其是男性正装的设计,简洁的对称感可以更好地体现出男性沉稳、干练的性格特征。

服饰造型的均衡指左右不对称却又有平衡感的形式。均衡的造型手法常用于童装设计、运动服设计和休闲服设计等,常常通过门襟位置的变化、纽扣位置和排列的变化、口袋大小和位置的变化、衣料颜色和服饰配件的变化、装饰手段和表现手法的变化等来实现既有变化又有秩序的组合构成关系。它的突出特点是既整齐又有变化,形成不齐之齐、无序之序的艺术效果。

(3)对比与调和

对比与调和反映了矛盾的两种状态。对比是差异较大的事物之间的并列与比较,在差异中倾向于"异"。在人们的审美欣赏中常会遇到两种不同的事物并列在一起,由于它们之间的差异与互补,使事物显得更美了。如色彩的明与暗、冷与暖,形体的大与小、曲与直等,都可以使两类事物互相强调、相互辉映,形成鲜明反差,产生对比美。

调和是差异较小的事物之间的配合关系,在差异中趋向于"同"。在不同造型要素中强调共性,达到协调。形与形、色与色、材料与材料之间的和谐协调,具有安静、含蓄的美感。

服饰造型的调和一般通过类似形态的重复出现和装饰工艺手法的协调一致来实现。如整体服饰的色彩丰富、华丽,融合在一起的各种颜色通过面积对比、色相对比以及色彩的明度与纯度的调和,最终使得服饰整体色彩丰富,视觉效果好,整体造型印象活泼、浪漫。

(四) 服饰美的审美特性

1. 服饰美的审美个性

由于个人不同的心境、不同的经历、学识和情感个性能够使人获得不同的审美意味和理解,因此服饰审美具有个性化的特点。首先,时代背景的约束造成了个人审美修养的不同。人的社会生活受到特定时代的物质生活条件及社会形态的影响与制约,从而形成各自的审美理想、审美观念、审美趣味以及流行和爱好等,在美感上就表现出不同时代的差异性。个人的审美修养不能够脱离时代背景而独立存在,在不同的时代背景下,人与人之间的审美标准是不同的。其次,对服饰美的认识具有多样性。生活中人们对服饰美的认识因为个人喜好、年龄、性别、职业、文化修养和经济地位的不同而有所区别。不同的社会阶层的不同的生理和心理需要制约着对美的体验。服饰设计作为具有艺术创造特点的实践活动,必须研究各个社会阶层的审美情趣、生活背景和生活方式才能做到有的放矢。个人生活的环境、经历、命运及文化修养等因素也会对服饰审美产生影响。个人的审美标准具有主观性,时代背景对于个人审美观念的束缚,个人喜好、年龄、性别、职业、文化修养和经济地位对个人审美标准的影响,也说明服饰美具有主观性的特点。

2. 服饰美的审美共性

审美的共性是由美的客观性来决定的。由于主体对客体的审美关系是客观的,所以不同的主观感受中总存在着一些不以人的意志为转移的客观内容,这些客观内容被称为共同之美。而共同之美便是人的审美共性。服饰文化是人类共有的文化,因此,不同时代、不同民族、不同国家的服饰也有共同之美。比如男士的服饰要凸显阳刚,女士服装则倾向柔美;出示正式场合的服饰要庄重,休闲场合的服饰偏于随意。虽然人们对审美的认识存在个性化认知,但是审美的个性也有向共性转化的可能。例如,我国两汉时期盛行汉服。汉服以交领、右衽、系带为主要特点,上衣主要以半臂、裲裆、比甲、襦、短袄、衫子、短褐、袿衣、襜褕、曲裾袍、绛纱袍、深衣、朱子深衣、道袍、直裰、大袄、褙子、披风、鹤氅等等为主,下衣则主要以袴、袴褶、帷裳、裙、马面裙、襕裙、裈、犊鼻裈为主。而21世纪现代人们的服饰更偏于西方化,与西方的服饰逐渐统一。男士以西服、T恤、裤装、风衣为主,女士则比男士多了裙装。21世纪的人们开始重新审视汉服的美,当前无论是婚纱摄影还是服饰化妆行业处处可见汉朝服饰的点缀,人们重新认识到了汉服的美,汉服文化开始复苏。现代人与汉朝人的审美不谋而合,体现了文化自信自强。

（五）影响服饰审美的主要因素

1. 政治因素

政治对服饰的影响是显而易见的,特别是在封建社会时期,服饰深受统治者意志的影响。我国周代形成了比较完整的衣冠制度,不同阶层的服饰各有区别。唐朝时期,唐高祖李渊专门颁布了衣服之令,对各个级别、不同身份人士的服饰进行了详细的规定。社会政治形势和重大事件在服饰上突出地体现在色彩上。一是服饰色彩用于区别身份地位,比如明黄色在古代是皇帝专用的服饰颜色,其他人不得穿戴;二是可以表示所处的场合。服饰色彩、形态从独特的角度折射了社会政治形态,不同时代的社会环境就会造就不同时代的服饰特征,从中展现出不同时代人们的精神向往和审美需求。

2. 经济因素

经济的发展和人类的生活水平是正比例同步发展的。经济水平比较低时,人们对服饰的需求大多停留在生理方面的基本需求。经济发展到一定阶段,人们生活水平得以提高,人们必然会对生活质量提出更高的要求,人们对美的追求也开始提升。经国外的经济学家调查发现,人们的服饰和经济的发展是具有统一性的:当经济开始衰退,进入大萧条时期后,人们的服饰也变得偏向灰暗,而一旦经济开始走出低谷,人们的服饰色彩也呈现出鲜亮的趋势。20世纪石油危机所带来的经济大萧条就是最好的例子。在经济萧条时期人们的服饰的款式以强调"实用性、耐用性"为主,衣服颜色大多比较暗淡低调。一些设计师更以"环保型、经济型、简单、实用"的观点作为设计理念。萧条的经济形势带动了简约单纯的服饰美的发展,而华丽的装饰美则被大众所摒弃。

3. 科技因素

科技创新能够推进服饰行业的发展进步,影响人们的审美取向。随着科技的发展,未来的服饰除了能保暖和给人以美的享受外,还能不断改变人们的生活。当科技参与服饰设计后,人们对科技能让服饰产生什么样的改变更是充满了好奇与期待。面料是影响服饰的最大因素,由于受科技发展的影响,服饰面料除了具备遮体保暖的基本功能外,其穿着的舒适性、美观性、功能性都得到了极大的提升(图5-1)。当前市面上流行的暴汗服便是典型的科技影响审美。暴汗服也叫发汗服,是现在非常流行的一种运动服装,由特殊材料制作而成,运动时穿上它,可以让身体在短时间内快速地排出汗水。易水肿、上镜应急、有短期凸显肌肉线条需求的人群更适宜此类产品。暴汗服添加了银涂层特殊材料,使其双面色彩更加美观,服饰的功能效果也得到了大大的提升。

图 5-1　服饰造型实例图
图片来源:山东传媒职业学院学生作品

二、舞台服饰搭配艺术

（一）舞台服饰的色彩搭配

世界上没有丑的颜色,只有搭配不好的色彩。服饰配色实际上是服饰色彩的组合。服饰色彩的搭配与调色的行为主体是人,主体人在特定生理、心理、环境条件下,以具体的社会文化、时代特性为行为执行的背景,在掌握色彩的属性等相关知识后,根据美学原理,可搭配出五彩缤纷的方案。舞台服饰的色彩搭配要掌握主色、辅助色和点缀色的用法。其中主色是占据全身色彩面积最多的颜色,占全身面积的 50％以上,通常作为套装、风衣、大衣、裤子、裙子等。辅助色是与主色搭配的颜色,占全身面积的 35％左右,通常作为单件的上衣、外套、衬衫、背心等。点缀色一般只占全身面积的 5％~15％,通常为饰品如丝巾、包、鞋等的颜色,起到画龙点睛的作用。舞台服饰色彩搭配的方法通常有以下几种。

1. 统一法

统一法是指着装色彩统一在一种色调中。色彩搭配可以由色量大的颜色着手,然后以此为基调色,依照顺序,由大至小,一一配色。例如穿着米色的衣裙可以搭配米色的挎包、鞋子和首饰,取得服饰色彩的统一。色彩搭配还可以从局部色、色量小的颜色着手,然后以其为基础色,再研究整体色、多彩色的色彩搭配。这种从局部入手的搭配,一定要有整体统一的观念。表面上看饰物色彩本是"身外之物"与着装无直接关系,但是由于是日常"随身之物",因此可以与着装形象构成统一的服饰整体形象。像雨伞、背包、手杖、手帕等饰物。如果是较高水平的穿着创作,整体考虑服装与饰物组合后的色彩统一性,也能出现意想不到的整体美。

2. 衬托法

衬托法在色彩搭配中主要起到主题突出、宾主分明、层次丰富的艺术效果。具体而言,它包含了明暗衬托、冷暖衬托、灰艳衬托、繁简衬托。其中明暗衬托是指大面积的亮色衬托小面积的暗色,或大面积的暗色衬托小面积的亮色,使暗中透亮;冷暖衬托是指大面积冷色衬托小面积暖色或大面积暖色衬托小面积冷色;灰艳衬托是指大面积灰色衬托小面积艳色;繁简衬托是指满地碎花杂色衬托大块整体色块,或满地整块简单的色彩衬托一簇碎小花朵。

3. 呼应法

呼应法也是服饰色彩搭配中能起到较好艺术效果的一种方法。任何色彩在布局时都不应孤立出现,它需要同种或同类色块在上下、前后、左右诸方面彼此相呼应。色彩的呼应方法有两种:一是局部呼应,二是全面呼应。在色彩搭配上,服装与配饰之间可以形成呼应,配饰与配饰之间也可以形成呼应。例如:裤子为淡黄色,帽子可以用淡黄色搭配,以数点与一片呼应;裤子与斜挎的包都是粉色,形成小面积与大面积的呼应。总之,运用该法使各方面在呼应后得以紧密结合成统一的整体。

4. 点缀法

着装色彩搭配中的色彩点缀至关重要,往往起着画龙点睛的作用。点缀法是运用小面积强烈色彩对大面积主体色调起到装饰强调作用的手法。如在服饰搭配中,利用黄色的帽子、白色的胸前小包等服饰配件来点缀整体的造型,使服饰整体风格凸显出时尚的现代气息。

5. 色系配色法

服饰色彩搭配中较常用的色系配色法分为同类色搭配、类似色搭配、对比色搭配、互补色搭配、无彩色与有彩色搭配、无彩色与无彩色搭配等。

对于表演及展示功能来说,服饰设计者需要充分考虑人物形象及舞台展示效果。设计时要结合舞台的方式、舞台灯光效果和舞台中人物的具体形象来综合考虑色彩搭配。通过不同的色彩调和展现最好的舞台效果。

(二)舞台服饰的造型搭配

舞台服饰具有多变性的特点。一般来讲舞台上的演员会随着剧情要求、灯光舞美等舞台设计而需要不同类型的服饰搭配。舞台服饰设计必须切实符合和体现大众的审美要求及标准。因此舞台服装设计要具备一定的潮流性。需要特别注意的是舞台服饰必须根据具体情况有选择地增加夸张元素,让服饰造型与舞台表演及展示相吻合。

1. 舞台服装廓形与服饰搭配

服装廓形是指服装被简化了的整体外形,讲究的是整体的效果,对服饰的整体表现起到了关键的作用,我们可以借助不同廓形的搭配来改善整体形象(图5-2)。服饰搭配离不开上下装、里外装之间的组合,由于廓形是服装外沿周边的线条,因此服饰搭配所考虑的廓形关系主要指的是上下装之间的结合。比较讨巧的搭配方式是相互组合的上下装廓形有张有弛,在收放之间表现人体线条。

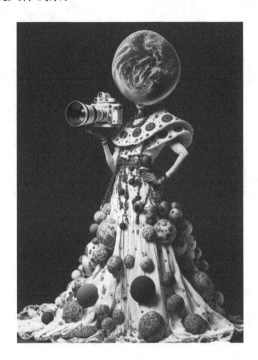

图5-2　戏服设计

图片来源:https://www.xiaohongshu.com/explore/64e022df000000000b02ac5e? m_source=pinpai,2023-9-2

2. 服装装饰线组织与服饰搭配

服饰搭配是服饰风格的融合与碰撞,服装装饰线条很多时候可以为判断服饰的风格特征提供有力的帮助。每件服装都有两种装饰线,一种为外装饰线,另一种为内装饰线。装饰线是外衣很重要的一部分,因为视线会随之而转移。装饰线直接影响着服装的视觉效果,可以使人看上去高一些或矮一些、苗条一些或结实一些或将注意力吸引到身体的某一部位。

3. 服装配饰与服饰搭配

服装的配饰是指领子、袖子、口袋等零部件的搭配,主要的选择依据是人体,以扬长避短为宗旨。口袋、扣子等服装附件与绣花、镶边等工艺手法一样,某种程度上也属于服装装饰手法的一种表现形式。无论服装运用何种装饰手段,必然会侧重表现某一种或某一类的风格特征(图 5-3)。

图 5-3　服装配饰案例

图片来源:https://www.xiaohongshu.com/explore/63b22301000000001f00beb8? m_source=pinpai,2023-9-2

不同的舞台服饰配件具有不同的表现形式,在塑造人物形象时要结合不同的配件特性,妥善处理其与服装的搭配关系,这样才能对舞台人物形象起到衬托、配合甚至是画龙点睛的作用。服装与饰品之间是相互依存的关系,"服"和"饰"是不可分割的整体。一般而言,配件离开了服装就难以散发出迷人的光彩,而服装如果没有配件的衬托,也会黯然无光。"服"和"饰"不是孤立存在的,它们受到周围社会环境、风俗、审美等诸多因素的影响,经过不断地完善和发展,形成了今天丰富的样式(图 5-4、图 5-5)。

舞台服饰与服饰配件搭配主要遵循的原则

(1)风格上的呼应

服饰配件的选择是以服装的风格、造型作为前提和依据的。选择与服装相搭配的各类配件时应首先确定服装主体的基本风格,然后根据实际情况考虑搭配的效果。一般情况下,服饰配件的选择应强调与服装之间的协调。例如,T 台秀场上礼服的款式风格精致华贵,则要求服饰配件的风格也应具有雍容的晚宴气质。风格呼应并不意味着服装与服饰配件的风格必然具有相似性。服饰配件与服装之间存在一定的对比,作为客体的服饰配件反而使得服装更为突出,这样所达到的统一关系也属于风格呼应的一种形式。

图 5-4　香港设计师设计的"雨衣"

图片来源：https://www.xiaohongshu.com/explore/63f55bb0000000001203fd08？m_source＝pinpai，2023-9-2

图 5-5　香港设计师设计的"雨衣"

图片来源：https://www.xiaohongshu.com/explore/63f55bb0000000001203fd08？m_source＝pinpai，2023-9-2

（2）体积上的对比

把握好局部与整体之间的大小比例关系是处理好服饰配件与服装搭配的关键性因素。服饰配件是服装的从属性装饰，一方面，服装的主体关系不容忽视；另一方面，服饰配件的客体关系有时还会与主体产生倒置。服装与服饰配件的主客体倒置，不能简单地理解为一味地去追求服饰配件客体的作用，而是在一种新型的服饰配件与服装的关系基础上，力图达到神形统一的效果，其实适当地突出服饰配件的客体作用，是为了更好地强调服装的主体地位。同时，服饰配件与服装的主客体倒置要避免服饰配件与服装脱离。

（3）色彩的配合

色彩是舞台服饰形象的第一视觉印象。服饰配件常常在整体的服饰色彩效果中起到"画龙点睛"的作用。当服装的色彩过于单调或沉闷时，便可将鲜明而多变的色彩运用到服饰配件中来调整色彩感觉；而当服装的色彩显得有些强烈和刺激时，又可利用单纯而含蓄色彩的服饰配件来缓和气氛。过分夸大或减弱饰品的色彩都会对着装者的整体形象产生不良效果。要根据服装色彩的冷暖、色块的分布，来选择相应形成对比、协调、强调、呼应的饰品颜色，着装者的整体形象在色彩上才有层次感。

（三）舞台服饰的风格解析

当今的舞台上，服饰风格逐渐呈现多元化的趋势。总体来讲，舞台服饰主要分为浪漫主义、古典主义、简约主义三种风格。

1. 浪漫主义风格

浪漫主义风格的服饰极富想象力且颜色丰富多彩、注重轮廓的裁剪。常用怀旧、复古、异域和民族等主题来表现浪漫氛围。在舞台服饰设计中，浪漫主义风格主要反映在柔和圆滑的线条、变化丰富的浅淡色调、轻柔飘逸的薄型面料以及泡泡袖、花边、滚边、镶饰、刺绣、榴皱等工艺（图 5-6）。浪漫主义风格善于抒发对理想的热烈追求，肯定人的主观性，表现激烈奔放的情感，常用瑰丽的想象和夸张的手法塑造服装形态，将主观、非理性与想象力融为一体，使服饰更具有个性化和生命的活力，浪漫主义风格可以塑造浪漫的舞台氛围。

2. 古典主义风格

古典主义风格是舞台服饰艺术中的重要流派。新古典主义风格追求复古、自然的纯粹形态，倾向于追求贵族化的典雅富丽，显现出古韵悠长的华美形式。款式上有金属线锁边支撑的荷叶边领、拖曳及地的钟形鲸骨撑裙、袒胸束腰的塔夫绸长裙等。多以沉稳、端庄、古朴的色彩为主，如代表性的宫廷建筑色彩中的紫色、金黄色、深红色，以及正统颜色的黑色、深蓝色、棕色、白色。图案优雅庄重，常见的多为经典的几何形和动植物，具象且丰富，展现着复古的情景。造型及细节上，结构明显，外观硬朗，花边、榴皱设计、金属线的镶边、装饰物的镶嵌、图案花纹的刺绣等工艺手法比较常见。配饰华丽且繁多，有复古元素的装饰物，也有金银宝石首饰（图 5-7）。

图 5-6　2016 秋冬米兰时装周

图片来源:https://shishang.youbian.com/news83939_3/,2023-8-30

图 5-7　古典主义风格造型

图片来源:https://www.xiaohongshu.com/explore/64045a9800000000012031921? m_source=pinpai,2023-9-2

3. 简约主义风格

简约主义风格在服饰上力求表现现代感与都市感,线条简洁,摒弃了以往的繁复与奢华风格,打造出优雅端庄的美态,其设计理念是简洁、时尚、个性。都市风格注重庄重、矜持的绅士风度,又有追求艺术个性,甚至我行我素的服饰表现。色彩上以黑、白、灰等中性色调为主,材料平衡顺滑,图案应用较少,或是简单的几何形体,采用直、横、斜等线条,以突出人体的曲线美,极力使服饰与现代都市人生活习惯与审美情趣相关联(图5-8、图5-9)。

图 5-8 简约主义风格造型(一)

图片来源:https://www.xiaohongshu.com/explore/649ba8aa00000000/3007dee? m.source=pinpai,2023-9-2

图 5-9 简约主义风格造型(二)

图片来源:https://www.xiaohongshu.com/explore/649ba8aa0000000013007dec? m_source=pinpai,2023-9-2

第六章

面料再造

一、面料再造设计概述

舞台服装面料的再造能够为表演增添更多的表现力,在舞台服装的设计中,面料作为服装的最基本元素之一,起着至关重要的作用。设计师可以通过不同的再造手段,使服装在舞台上表现出更加生动和丰富的效果,例如,通过印花、烫金、染色等工艺的再造处理,面料可以获得更多的表现形式,以适应不同舞台场景、舞台灯光和氛围的需要。在舞台表演中,对面料进行特殊的染色处理,可以使服装在舞台灯光的映衬下展现出独特的色彩和光泽,从而增强角色的视觉效果。

(一)面料艺术再造的作用

面料是服装设计作品的重要载体,面料再造艺术更是服装设计中不可或缺的一环,具有不可忽视的作用。面料再造使面料对美的表达不再局限于二维空间,而是向着立体化的方向发展,丰富了服装设计的表现形式,并能够给人以强烈的视觉冲击,从根本上改变了服装设计的传统观念。对于服装设计师来说,面料再造的出现给设计师带来了更广阔的创作空间,能够帮助设计师更好地全面体现自己的设计理念。对于社会来说,面料再造令小块的面料得到了充分的利用,在减少资源浪费的同时,还能够给人们带来美的享受。对于服装公司来说,面料再造意味着公司面料种类的大幅增加,节约了公司用于面料采购的资金,在降低公司运营成本的同时,也提升了服装的附加值。而对于我国的传统工艺来说,面料再造的出现,令传统的工艺有了新的应用领域,是对我国传统工艺的继承和发扬,并且能够令传统工艺的精髓在服装设计领域得到充分的体现与传承。

1. 提高服装的美学品质

面料艺术再造的基本作用是对服装进行修饰与点缀,让单调的服装形式产生层次和格调的变化,使服装更具美感。运用面料艺术再造的目的之一是给观者带来独特的视觉享受,最大限度地表达设计师的个性风格与设计内涵。

2. 强化服装的艺术特点

服装面料艺术再造可以起到提醒、强调、引导视线的作用。服装设计师为了表现服装的特点或特意突出模特身体的某一部位,可采用面料艺术再造的方法,获得事半功倍的艺术效果,提升作品的艺术价值。

3. 提高服装设计的原创性

设计的特征之一就是原创性。服装因以身体为造型基础,并为人所穿着,因此在形式、材料以及色彩的设计上有一定的局限性,要彰显其特有的原创性,在材料上进行别出心裁的再造便是比较常用的途径之一。服装材料的与众不同常常会引起我们的关注和赞叹。

4. 提高服装的附加值

由于一些面料艺术再造可以在工业条件下实现,因此在降低成本或保持成本不变的同时,其含有的艺术价值使得服装的附加值大增。例如,普通的涤纶面料服装,经过压皱、注染、晕染等再造手段,将大大提升其所制作的服装的附加值。

(二)研究服装面料艺术再造的意义

现在的服装面料呈现出多样化的发展趋势,服装面料艺术再造更是迎合现在的时代需要,丰富了普通面料不易表现的服装面貌,为服装增加了新的艺术魅力和个性,体现了现代服装的审美特征和注重个性的特点。

现代服装设计界越来越重视服装面料的个性风格。这主要是因为当今的服装设计,无论是礼服性的高级时装设计,还是功能性的实用装设计,造型设计是"依形而造"还是"随形而变",都脱离不了人体的基本形态。服装材料艺术再造作为展现设计个性的载体和造型设计的物化形式还有更广阔的发展空间。

1. 古代中国面料艺术再造的表现

早在殷商早期,中国人就已知晓使用刺绣工艺装饰服装面料,如中国古代帝王专用的十二章纹就是运用刺绣手法实现的面料艺术再造。秦汉时期,各种以绣、绘、织、印等技术制成的装饰纹样,以对称均衡、动静结合的手法形成了规整、有力度的面料风格。

在唐代,不仅印染和织造工艺技术发达,面料的装饰手法也得到了长足的发展,采用绣、挑、补等手段在衣襟、前胸、后背、袖口等部位进行服装面料艺术再造比较常见,或采用蜡缬、夹缬、绞缬、拓印等工艺产生独具特色的服装面料艺术效果,从而体现服装不同层次的变化。这个时期的花笼裙是很有代表性的服装面料艺术再造作品,它的特点在于用细如发丝的金线绣成各种形状的花鸟,裙的腰部装饰着重重叠叠的金银线所绣的花纹,工艺十分讲究。

源于唐代兴于明代的水田衣在表现手法上独具匠心(图 6-1、图 6-2),它运用拼接手法将各色零碎织锦料拼合缝制在一个平面上,因色彩互相交错如水田而得名。虽然最初是百姓由于家中经济拮据,于是利用大小不一的碎布拼制成一件衣服,但其极为丰富和强烈的视觉效果,是传统刺绣无法实现的。水田衣的制作在初期还比较注意织锦料的匀称效果,各种锦缎料都事先裁成长方形,然后再有规律地编排制成衣,发展到后期就不再拘泥于这种形式,织锦料子大小不一、参差不齐,形状也各不相同,这也反映了百姓节物惜用的生活态度。以往在裁剪下来的碎布因尺寸不足以做成另一件完整的服装,从而通常会被丢弃处理。其实换一种思路,我们可以变废为宝,将其制成拼布,因为拼布工艺对布料的大小和材质包容性强,通过分割,任何尺寸都可以循环再利用。不仅中国民间最常见的百衲衣是这种形式,日本民间织物也有此种形式。这种节物惜用的生活态度,是一场东方美学和哲学思想的交流与对话。

图 6-1　清代水田衣

图片来源:https://view.inews.qq.com/k/20210927A024M600? no-redirect=1&web_channel=wap&openApp=false,
2023-6-15

图 6-2　明代水田衣

图片来源:https://m.duitang.com/blog/? id=654020113,2023-6-15

2. 文化传承与创新

在当今全球化发展的趋势下,以传统技艺为基础,创新衍生出符合当代审美和生活需求的新设计,是设计师的重要责任。"节用"是中国传统文化中的一个很重要的概念,意为节省费用,按时节利用,体现爱民思想,运用在服装中,即简单、易制作,具有普适性。《朱子家训》有云:"一粥一饭,当思来处不易;半丝半缕,恒念物力维艰。""惜物"是对自然的尊重,当我们以惜物之美德自我要求时,就能够更好地降耗增效,社会才能更好地实现可持续发展。

如今,面料再造也可以理解为在我国传统造物思想与技艺研究的基础上,以可持续发展概念为主题进行的一种创新设计。我们要秉承传统服饰中"节物惜用"和"可持续"等设计概念,采取传统、科技、时尚等多样性手段,学习借鉴传统服饰的结构、纹样、装饰、工艺,并将其应用于现代服装的创新设计中(图6-3、图6-4)。了解中国传统服饰中结构、工艺、纹样等所折射出的可持续设计理念,感受传统技艺中的智慧,在传承中感悟民族服饰并寻找创新之道,同时,我们也肩负着弘扬中华优秀传统文化的责任感和使命感。

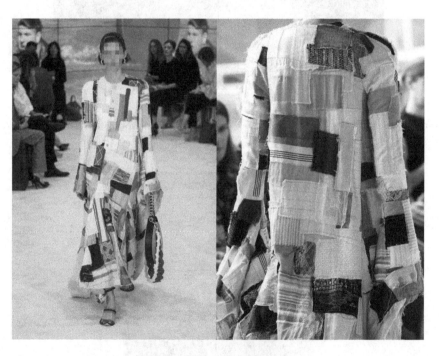

图6-3 再造面料创意设计(一)

图片来源:https://zhuanlan.zhihu.com/p/212309999,2023-8-30

希望大家通过对面料再造这一模块的学习,可以对"敬物尚俭"的生活智慧有更深刻的感悟,从而打开服饰设计与服饰技艺传习的新思路、新途径。除此之外,我们应该将科学的生态观植入设计思维,重塑自我认知高度和从业态度,通过点滴改进行为模式来创造积极的社会效益,这是我们应具备的社会责任感,也是构建社会主义核心价值观的重要一环。

图 6-4 再造面料创意设计(二)

图片来源:https://zhuanlan.zhihu.com/p/212309999,2023-8-30

服饰手工艺的设计与制作除了具备艺术性之外,还需要严谨的技术性。无论是抽纱工艺中将纱线一根根抽去,还是纳纱绣中对网眼的精妙计算,都要按照图纸一针一线地完成。这个过程要求敬业、精益、专注、创新,我们在操作过程中需秉持严谨认真、精益求精、勇于创新的工匠精神。

课后实践练习中,请同学们收集好实践教学中所产生的碎布料,然后用这些形状、色彩、面料各不相同的材料通过排列组合创作成有趣的拼布艺术作品。

二、服装面料再造设计材料及方法

在服装的创作过程中,经常会遇到市售的成品面料无法满足设计要求的情况,这时就要对服装面料进行加工,使之能够达到设计师所需要的视觉效果。

(一)服装面料的种类及其性能

1. 服装面料的种类

服装面料根据风格与手感,可分为棉型、毛型、真丝型、麻型、化纤型以及它们的复合型,其风格与手感各有差异(表 6-1、表 6-2)。

表 6-1　常见的服装材料分类

服装材料	种类	实例
纤维材料	纤维集合品	棉絮、毡、无纺布、纸
	线	缝纫线、纺织线、编织线、刺绣线
	带	织带、编织带
	布	机织物、针织物、编织物、花边、网眼布
非纤维材料	人造皮革	合成革、人工皮革
	天然皮毛	动物皮革、动物皮毛、羽毛
	合成树脂产品	塑料、塑胶
	其他	橡胶、木质、金属、贝壳、玻璃等

表 6-2　天然纤维面料的特性及种类

面料类别	特性	种类
棉	质地柔软、吸湿性强、透气性好、手感舒适、比较耐久,但易缩水、易起皱、易磨损、易褪色	平纹织物有粗布、细布、府绸、麻纱、泡泡纱、毛蓝布等;斜纹织有卡其、斜纹布、华达呢、劳动布、牛仔布等;缎纹织物有直贡呢、横贡呢等;绒类织物有灯芯绒、平绒、绒布、丝光绒等
麻	质地坚固、吸湿散湿快、透气性好、手感清爽、导热性快,但易缩水、易皱褶	亚麻布、手工苎麻布、机织苎麻布等
丝	质地轻薄、光泽艳丽、吸湿散热快、弹性好、手感滑爽、悬垂感强,但易缩水、易皱褶、易断丝	纺织品有电力纺、富春纺、杭纺等;绉织品有双绉、碧绉等;绸织品有塔夫绸、双宫绸、美丽绸等;缎织品有软缎、绉缎等;锦织品有蜀锦、云锦、宋锦等;罗织品有直罗、横罗等
毛	质地丰满、光泽含蓄、保暖性强、透气性好、手感柔和、弹性极佳,但易缩水、易起毛球、易虫蛀	精纺呢绒有华达呢、花呢、直贡呢、女衣呢、凡立丁、派力司等;粗纺呢绒有法兰绒、粗花呢、大众呢、海军呢等;绒类有长毛绒、驼绒等

2. 服装面料的性能

服装面料的特点和性能对实现服装面料艺术再造的影响很大。就应用性而言,服装面料性能主要有以下几个方面。

（1）美学性能

美学性能
{
　悬垂性
　色牢度
{
　　耐磨色牢度
　　耐洗涤色牢度
　　耐日晒色牢度
　　耐汗渍色牢度
}
　起毛起球性、勾丝性、抗皱性、图案、花纹色彩、光泽、肌理
}

（2）造型性能

指厚度、悬垂性、外形稳定性(拉伸变形、弯曲变形、压缩变形、剪切变形)等。

（3）可加工性

指耐化学品性(可染性、可整理性等)、耐热性、强伸度等。

（4）服用性能

指吸湿透气性、带电性、抗静电性、弹性、保暖性、缩水率等。

（5）耐久性能

指强伸度、耐疲劳性、耐洗涤性、耐光性、耐磨性、防污、防蛀、防霉、色牢度等。

（二）面料再造的方法和形式

面料再造指对原有材料的形态特征进行变形,通过抽褶、捏褶、缩缝、绗缝、车缝、压花、刺绣、镂空、拉毛、车花、印花烫钻、蜡染、扎染等工艺手法,改变材质原有表面形态,形成浮雕和立体效果,并具有强烈的触摸感。面料再造的方法种类繁多,可按照不同面料的风格和特点对其进行设计制作,以改变面料的外观和形状,或者在面料上添加金属线、花边、丝带等不同性质的材料,使面料的整体风格发生变化,从而更好地表达设计师的想法。比如,选用轻薄型或稍厚一点的丝型或毛型织物抽褶、捏褶、缩缝,可以做出波浪、花朵造型。或在原本平整光洁的面料上压出不规则的皱纹,即可赋予服装粗犷、质朴的肌理美感(图6-5～图6-7)。

图 6-5　面料再造实例（一）

图片来源:https://zhuanlan.zhihu.com/p/44289378? utm_id=0,2023-6-15

图 6-6　面料再造实例（二）

图片来源：https://www.douban.com/note/616128005/#&gid=gid_1&pid=9?_i=4698798gc-YufV，2023-6-15

图 6-7　面料再造实例（三）

图片来源：https://www.douban.com/note/616128005/#&gid=gid_1&pid=9?_i=4698798gc-YufV，2023-6-15

可持续性已成为全球性话题，也是未来设计发展的必然趋势。如果我们不注重生态与绿色设计,不走可持续发展道路,资源只会逐渐消耗殆尽;如果能够更多地运用可持续环保材料或天然成分纤维面料进行设计,既可增加服饰的美感,又能进行材料的再造利用,最大限度减少浪费,面料再造会更具意义。

1. 常用的面料再造方法

(1)面料的增型方法

面料增型主要指通过对不同材质的面料加以组合,使面料具备全新的肌理效果(图6-8～图6-10)。面料增型的常用手法主要分为绣、补、缝、钉、贴等,其中最具代表性的手法便是传统的刺绣。刺绣作为中国传统的工艺手法,不仅历史悠久、种类繁多,而且经过长久的积淀,已经在针法技艺、图案造型以及色彩搭配等方面形成了成熟且独特的艺术表现风格。在面料再造中,刺绣主要表现方法包括绳带绣、镂空绣贴布绣、镜饰绣、网眼布绣、饰带绣、珠绣、彩绣、褶饰绣等,是面料再造的重要方式之一。

图6-8　面料增型实例(一)

图片来源:https://www.douban.com/group/topic/117890144/?_i=2417125558aab3b&dt_dapp=1,2023-8-30

增型方法是通过绣、贴、拼接、堆叠、串珠、打褶等各种手法,将相同或不同的多种材料重合、叠加、组合而形成立体的、层次感强的、富有创意的新材料类型的一种方法。运用材质、色彩、肌理、质感等设计,把布、绳、珠片、铆钉等材料运用其中。常用的增型技法有珠片绣、彩绣、布贴、线饰、绳饰、带饰、叠加、堆饰等。

图 6-9　面料增型实例（二）

图片来源：https://www.douban.com/group/topic/117890144/?_i=2417125558aab3b&dt_dapp=1，2023-8-30

图 6-10　面料增型实例（三）

图片来源：https://www.douban.com/group/topic/117890144/?_i=2417125558aab3b&dt_dapp=1，2023-8-30

（2）面料的减型方法

面料的减型指的是通过对面料进行剪切、抽丝、撕裂、镂空、打磨、烂花、腐蚀等方式，破坏面料原有的形态及特性，以达到改变面料肌理的目的。例如，通过抽丝的方式将面料上的经线或者纬线按照设计的需要进行去除并加以修饰，形成透空的装饰图案；利用水洗、砂洗以及砂纸打磨等方式对面料进行磨洗处理，可以使面料产生较为自然的磨旧效果，给服装增添岁月的痕迹；撕裂则指人工撕破面料，使面料呈现出一种随意的肌理效果；腐蚀、镂空、烧花等方法使面料形成错落有致、虚实结合的感觉，具有不完整却有一定规律的美感（图 6-11～图 6-13）。

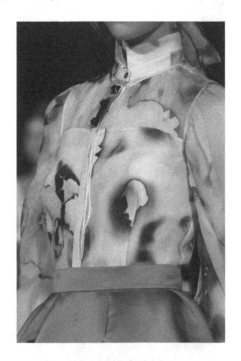

图 6-11　面料减型实例（一）

图片来源：https://mbd.baidu.com/newspage/data/landingsuper? nid=news_8934217340500446647&_refluxos=&pageType=1&wfr=，2023-6-1

（3）面料的变形方法

面料的变形处理并不对面料原有的结构进行删减，而采取皱褶、抽褶、捏褶、压花、扎结、缩缝、绗缝、堆积等处理方式，增加面料的褶皱与空间层次，使面料具备一定的立体感，以达到令人耳目一新的效果（图 6-14、图 6-15）。对面料进行变形处理，最常用的手法有系扎法与皱褶法。系扎法将面料上选定的点与线进行连接，从而在面料上塑造出浮雕的效果；而皱褶法则将面料整体进行挤压、扭转、拧紧等处理，给面料增添褶皱与起伏的立体效果。通过对面料进行变形，可以自由地改变面料的空间形态，令面料更富有层次感，从而更好地展现设计师的风格创意特点。

图 6-12　面料减型实例（二）

图片来源：https://mbd. baidu. com/newspage/data/landingsuper？nid＝news_8934217340500446647&_
refluxos＝&pageType＝1&wfr＝，2023-6-1

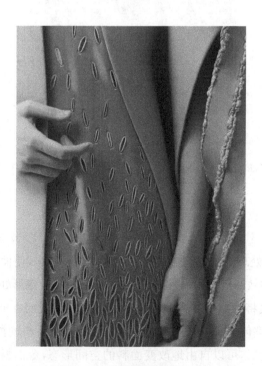

图 6-13　面料减型实例（三）

图片来源：https://mbd. baidu. com/newspage/data/landingsuper？ nid＝news_8934217340500446647&_
refluxos＝&pageType＝1&wfr＝，2023-6-1

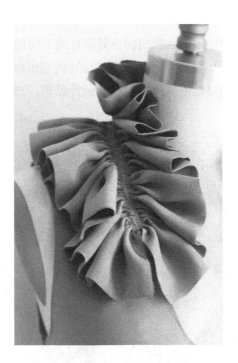

图 6-14 面料变形实例(一)
图片来源:https://zhuanlan.zhihu.com/p/83670873? utm_id=0,2023-6-15

图 6-15 面料变形实例(二)
图片来源:https://zhuanlan.zhihu.com/p/83670873? utm_id=0,2023-6-15

（4）编织设计

不同质感的纱线材料利用编织或钩织的手段组合成不同的面料形态，也呈现出不同的凹凸不平的视觉效果（图6-16～图6-18）。现代设计的编织材料已不局限于毛线，很多金属电线、硅胶、铜丝等材料都可以用来体现不同的设计思想。当然，现在更加提倡使用环保或天然材料进行运用。

图6-16 面料编织实例（一）
图片来源：https://zhuanlan. zhihu. com/p/83670873? utm_id＝0，2023-6-15

（5）面料的综合处理

面料的综合处理是指综合地使用不同类型的方法对面料进行再造处理。在设计手法上，加法与减法、编织等组合搭配，也可以体现出不一样的效果。我们可以将零散的材料组合在一起，形成新的整体，创造出高低起伏、错落有致、疏密相间等新颖独特的肌理效果。比如面料拼贴时，或露出异色毛边，或用异色线带串联，形成跳跃的拼接纹理，或用点状连接件串联，使面料成镂空效果；运用线、绳、带等编织或编结的方法来组合材料也很常见。具体的操作方法可将多种不同的面料进行混合搭配，并对面料进行增型、减型或变形处理，通过多种处理方法灵活地组合，令面料具备出乎意料的色彩效果和丰富的层次感。同时，科学技术的发展也使得更多的面料和处理方式进入到面料再造的实际应用当中，如数码印刷技术、LED（发光二极管，Light-emitting diode的缩写）灯技术等，并令已有的处理技术更加完善，充分地发挥了各类材料的特点，让面料再造的效果日趋丰富多样，给服装设计师创造了更多的选择空间，同时也更大程度地展现了材料自身的美感。

图 6-17　面料编织实例（二）

图片来源：https://zhuanlan.zhihu.com/p/83670873? utm_id＝0，2023-6-15

图 6-18　面料编织实例（三）

图片来源：https://zhuanlan.zhihu.com/p/83670873? utm_id＝0，2023-6-15

综合处理法同时采用以上几种方法设计出的新的富有变化的新视觉、触觉的材料。

示例：羊毛针毡

用这种方法制成的图案灵活随意,富有艺术性。使用羊毛毡专用的戳针,将要造型的羊毛纤维摆好图案放在毛毡上,由于戳针前端有细小的钩状,用针反复刺穿就可以将羊毛纤维与毛毡相互纠缠从而固定在面料上(图 6-19~图 6-21)。

图 6-19　羊毛针毡实例(一)

图片来源:山东传媒职业学院学生作品

图 6-20　羊毛针毡实例(二)

图片来源:https://mbd.baidu.com/newspage/data/dtlandingsuper? nid=dt_4879231102726874120,2023-10-30

图 6-21　羊毛针毡实例（三）

图片来源：https://mbd.baidu.com/newspage/data/dtlandingsuper? nid=dt_4879231102726874120，2023-10-30

2. 面料再造在服装局部设计中的使用

在服装设计的过程当中，有时会遇到需要突出强调服装某一部分变化的情况，此时，为了提升该部分与服装整体之间的对比，便可以适时的引入面料再造的方法，有针对性地对需要强调的部位进行面料再造设计，充分发挥"画龙点睛"的作用。通常情况下，需要进行面料再造的部位有服装的领部、肩部、袖子、胸部、腰部、臀部以及服装下摆或边缘部位等，以增强以上部位的立体感，强化其与服装整体之间的对比，而不同部位之间面料再造手法的巧妙搭配，也可以使服装拥有一种与众不同的美感（图 6-22～图 6-24）。

3. 面料再造在服装整体设计中的使用

利用面料再造手法对服装的面料进行整体处理，可以起到加强面料层次和色彩的变化，改变面料整体风格的作用。将经过再创造的面料应用在服装的整体设计当中，可以强调面料变化产生的艺术效果，突出服装的整体魅力，塑造出更加多元的服装设计艺术语言，反映服装品牌的丰富内涵，完整展现服装设计的概念（图 6-25～图 6-27）。

图 6-22　局部设计实例（一）

图片来源：https://www.eeff.net/forum.php? mod＝viewthread&page＝1&tid＝1345326，2023-6-15

图 6-23　局部设计实例（二）

图片来源：https://www.eeff.net/forum.php? mod＝viewthread&page＝1&tid＝1345326，2023-6-15

图 6-24　局部设计实例(三)

图片来源:http://xhslink.com/dMEX1T,2023-8-30

图 6-25　整体设计实例(一)

图片来源:http://xhslink.com/SCMV1T,2023-8-30

图 6-26 整体设计实例（二）

图片来源：https：//baijiahao. baidu. com/s? id=1687930176026428268&wfr=spider&for=pc&sShare=1，2023-6-15

图 6-27 整体设计实例（三）

图片来源：https：//baijiahao. baidu. com/s? id=1687930176026428268&wfr=spider&for=pc&sShare=1，2023-6-15

三、服装面料再造设计的灵感来源

在服装设计中引入面料再造的概念，可以将现代艺术中常用的表现形式，如抽象、变形、旋律以及夸张等，应用到服装设计的领域当中，增加设计师的选择余地，为服装设计增添了新的表现语言，有效地拓展了服装设计创新空间。

在现代服装设计中，面料已渐渐成为服装形态构成的主要元素。面料形态设计不单是材料本身风格的表现，更是设计师观念与风格的传达。因此，面料风格直接影响服装设计的艺术风格，不同质感的面料会给观者呈现不同的印象与美感。我们在服装设计与制作的过程中，要把握材质的内在特性，从而以完美的状态展现其特点，达到面料形态与服装内在的完美统一。面料再造设计常用的方法有以下四种：面料形态立体设计（一般在服装局部或整体面料中采用堆积、抽褶、层叠、凹凸、褶皱等方法），面料形态增减设计，面料形态的钩编设计，面料形态的综合设计。不同面料形态会展现出不同的设计语言，如图中所展示的创意服装，学生在进行面料形态设计时采用剪切、叠加、绣花、镂空等多种手段，同时运用这些表现方式让面料表达更加丰富，进而创作出极具视觉冲击力的肌理效果（图6-28～图6-32）。

学生作品

图6-28　面料再造整体设计实例（一）
作者：山东传媒职业学校学生

图 6-29　面料再造整体设计实例（二）
作者：山东传媒职业学校学生

图 6-30　面料再造整体设计实例（三）
作者：山东传媒职业学校学生

图 6-31　面料再造局部设计实例（一）
作者：山东传媒职业学校学生

图 6-32　面料再造局部设计实例（二）
作者：山东传媒职业学校学生

面料形态设计首先需要围绕服装造型的设计风格确定主题并进行构思,才能与作品整体达到统一;其次要具备丰富的面料形态设计灵感来源,如自然风光、传统文化、建筑风貌、生活细节等方面。灵感在服装面料设计的过程中扮演着重要的角色,灵感来源的提取与应用为面料再造开拓新的视野。从艺术设计的角度来看,面料再造设计与绘画、雕塑、戏剧、摄影、电影、建筑、音乐、舞蹈等其他艺术形式或者波普艺术、新艺术、未来主义、构成主义、超现实主义、风格派等艺术流派的审美趣味、创作方法、艺术风格,可以相互借鉴融合,例如建筑中的结构与空间、现代艺术中的线条与色彩、音乐中的韵律与节奏,包括我们触觉中的质地与肌理,都能给予设计师灵感并被运用到服装面料再造中。

服装品牌李维斯(Levi's)曾为牛仔与当代艺术之间构建桥梁,让牛仔裤拥有更先锋的艺术精神,完美演绎个性与品位。特立独行的视觉艺术家斯特凡·施德明(Stefan Sagmeister)利用品牌经典"501号"牛仔裤设计的"DNA",使用最不起眼的牛仔线编织成裤装,表现出强烈的解构文化,表达对材质原始的崇拜。他用设计充分解构了"501号"牛仔裤,把一条已经存在的经典款式进行拆解,然后将拆解后变成灰色与藏蓝色的绒线、图钉、拉链、扣子,包括口袋里的标签都一一提取出来。最后,设计师再将这些拆解好的元素作为原材料进行重组,制作成一条全新的牛仔裤。绒线丰富的肌理格外显眼,使作品极富视觉张力。

面料再造的表现形式千变万化,方式繁多,我们可通过撕裂、打磨、拆散、涂抹等手段对服装面料进行人为的破损,使服装呈现做旧效果。也可以尝试刺绣、印花、漂染、镶嵌饰物等,利用钉缝珠片、织带、彩线、纽扣等装饰品在面料上直接造型,常用的工艺手法包括印染、打磨、腐蚀、打孔、钉珠、流苏、刺绣、嵌饰、手绘、揉搓、绗缝、抽纱、撕裂、喷绘、编织、镂刻(金属镂刻、皮革镂刻)、烧洞、折叠、仿旧等。这些细节设计上的丰富多彩的变化将服装变得更为生动和富有灵气,使整体效果层次更为丰富、充满奇趣。

在2011年伦敦时装周中的"面孔服装"系列(图6-33),设计师将具象的面部五官通过面料再造的方式展现于服装之上,以新奇有趣的形式给观者带来特殊的视觉效果。这组充满创意的作品在展示出个性品质的同时又让观者浮想联翩,具有艺术化的效果,抒发了设计艺术情怀。面料再造设计是整套服装造型的亮点,设计师所表达的设计思想和理念也在这些细节中得到完美的体现。

通过对服装材料进行艺术创作,不仅能够丰富材质本身的内涵,也扩展了材质的感染力与表现力。在设计过程中,当材质的感觉特性引发出作品的内在意蕴时,材质与服装造型的主题和内容会更加贴合,使作品具有更强烈的艺术魅力。要实现从材质形态到意境的飞跃,就必须感知各种材料的情感语意属性,熟知各种材料的对比效果,清楚掌握好对应的面料质感及服装风格。如乔其纱,面料呈半透明状,结构疏松,质感爽滑,适合轻薄、飘逸、活泼动态感强的服装风格;乔其绒,表面有绒毛覆盖,光泽感强,手感滑糯,适合华丽、高雅、垂坠的服装,凸显女性的柔和与曲线美;再如呢面粗纺毛织物,面料质地紧密,织纹不外露,手感挺括扎实,适合表现刚毅、厚重、富有精神的感觉。我们在面料改造设计中,要善以利用这些材料语意特性,用面料材质的个性特征激发创作灵感和艺术激情,质感、动感、色调、布局、图案等都是面料再造构成因素的重要细节。

图 6-33 "面孔服装"系列

图片来源：https://site.douban.com/225233/widget/notes/16544055/note/360974973/，2023-8-30

第七章

舞台服装与服饰手造装饰工艺

一、舞台服装与服饰手造装饰工艺概述

服饰手工艺是用织物、线、针和其他综合材料,对服装与服饰进行视觉化装饰手工制作的技术总称,也叫服饰手造装饰工艺。服装与服饰设计包括款式、色彩、面料和手工艺,其中手工艺又叫服装与服饰装饰工艺,通过手造制作对成衣面料、材料、色彩、图案等方面进行创意性的美化设计从而达到装饰效果,它的表现技法多种多样,如刺绣、编织、贴布、做旧等。随着人们对视觉效果的追求不断提升,服装与服饰手造装饰工艺在舞台服装设计中已占据了举足轻重的作用,广泛应用在春晚(如图7-1)、花滑表演(如图7-2)、舞台剧(如图7-3)、化妆技能大赛等舞台表演的服装设计中。它可以使舞台服装具有更高层次的观赏价

图7-1 春晚舞台上主持人身穿高级定制礼服

图片来源:https://www.163.com/dy/article/I5R6A6VI05506BEH.html,2023-8-30

值,从而推动新时代舞台服装设计的创新性发展。传统的手造装饰工艺是舞台服装设计师表达设计理念与设计情感的重要途径。

图 7-2　2022 年北京冬奥会中国运动员冰舞服装
图片来源:https://m. thepaper. cn/newsDetail_forward_16683478,2023-8-30

图 7-3　舞剧《昭君出塞》王昭君服装上精美的手绣和古典的配饰
图片来源:https://mp. weixin. qq. com/s?__biz=MjM5NzY0NjMyNA==&mid=2651626101&idx=1&sn=
ee419afd4476055d39a5696d49615ec&chksm=bcba5a7a849d998b27b8256526fba89f2994aaa05000f9c1e970c1
fbdd31283a94689377b156&scene=27&poc_token=HM7JwWajxiSU2TbCAiD1h4nMJykUY0CqXpUikK1o,
2024-5-12

　　服装与服饰手工艺是服饰文化的重要组成部分,也是人类物质文明的结晶,被广泛地应用在不同形式的舞台表演服装设计中。如最早的戏曲服饰就根据剧中人物角色的性格、身份、地位等采用了大量的手工刺绣来装饰戏服(如图 7-4、图 7-5)。

图 7-4　传统戏曲《赤桑镇》包拯紫缎平金绣福寿字、行龙纹净行蟒袍

图片来源:https://www.sznews.com/news/content/2021-08/09/content_24468314.htm,2023-8-30

图 7-5　现代改良戏服

图片来源:http://www.71.cn/2021/0105/1112878_2.shtml,2023-8-30

中华民族有着悠久的历史文明,是世界文化艺术的发源地之一,勤劳的各族人民将传统手造工艺技法世代相传,留下了宝贵的非物质文化遗产,浸润着光辉灿烂的华夏文明,在现代工业化的生产背景下依旧散发着璀璨的光芒,为人类服饰发展增添了东风美学独有的艺术魅力与无穷的设计灵感。习近平总书记在党的二十大报告中明确提出要"传承中华优秀传统文化,满足人民日益增长的精神文化需求"。随着国家的改革开放的推进和经济的发展,人们的生活水平不断提升,丰富的文化艺术生活渗透到生活中的方方面面,不断提高生活品质。服装的最初功能是御寒。随着文化艺术行业的发展,多样的表演形式层出不穷,如今人们更关注舞台服装的款式、面料和装饰手工艺所呈现出来的视觉盛宴。当代审美观念的转变与艺术价值的提升不断影响着服装与服饰传统手工艺的守正创新。舞台服装与服饰设计为适应当代舞台表演的发展需求而与时俱进。

二、服装与服饰手造装饰工艺的滥觞与发展

服装与服饰手造装饰工艺在不断地被传承与创新。在人类服饰艺术史上,传统的手工艺是一门经久不衰的古老艺术门类。经现代考古研究证实,自人类诞生以来手工艺就已经出现,并且随着社会的发展与进步而不断进化演变。

早在远古时期,我们的祖先就已经开始使用兽骨、兽牙等,经过打磨、钻孔,用赤铁矿粉染色等手工制作技艺,制造精美的装饰品佩戴在身上,起到装饰美化的作用。

考古工作者于 20 世纪 30 年代在北京西南周口店龙骨山的山顶洞人遗址中发现了一枚骨针(图 7-6)。这枚骨针长 82 毫米,针身最粗处直径 3.3 毫米,针身圆滑而略弯,针尖圆而锐利,针的尾端直径 3.1 毫米处有微小的针眼。骨针经过切割、精细的刮削磨制和挖穿针眼等多道工序,需要很高的制作工艺才能完成。山顶洞人的这枚骨针,是目前世界上所知的最早的缝纫工具,同时也表明五万年以前我们的祖先已能够将原始的兽皮、树皮树叶等材料设计、裁剪、缝缀成简单的外衣、腰裙等。

图 7-6　山顶洞人的骨针

图片来源:https://weibo.com/ttarticle/p/show? id=2309404691515195916780,2023-9-3

到了新石器时代和青铜器时代,古人就已经掌握了服饰的造型、裁剪、缝制和编制等手工技艺。周代《礼记·祭义》记载古代天子诸侯都有公室养蚕。蚕熟献茧缫丝把它们染成红、绿、玄、黄等色以为黼黻文章。《辞海》中"黼(音辅)"字解释为在古代礼服上绣半黑半白的花纹,"黻(音符)"字解释为在古代礼服上绣半青半黑的花纹。在古汉语中用青、红两色线绣称为"文",用红、白两色线绣称为"章"。历史上涌现出诸多用于服饰的纹样(图7-7)。

图7-7 皇家礼服上绘绣的十二种纹饰
图片来源:https://baijiahao.baidu.com/s?id=16883071126712884090&wfr=spider&for=pc,2023-8-30

14世纪,由于剪刀和钢针的出现,人类的服饰手工技艺得到了空前发展。在此之后,又经过漫长的历程,能工巧匠们不断丰富与完善技艺,陆续出现了染色、裁剪、镶边、刺绣、盘扣等无数种精巧工艺,为后世留下了诸多精美的服饰。

19世纪初,欧洲资本主义近代工业兴起,缝纫机的出现使得成衣生产进入机械化的崭新阶段。

在科技飞速发展的现代社会,传统服饰手造装饰工艺返璞归真,在传承中不断创新,同时引进国外的手工技艺与现代服装设计相结合,以其独特的艺术魅力被设计师应用到服装成衣上,发扬古为今用、洋为中用的精神,不但传承了中国传统文化,也能让别具心裁的东方美学走上世界时尚舞台(图7-8、图7-9)。

图 7-8 采用珠绣装饰工艺制作的舞蹈服装

图片来源：https://www.163.com/dy/article/ED5INH4Q05384FET.html，2023-9-3

图 7-9 服饰秀《官渡古建筑》

图片来源：http://www.wenlvnews.com/p/610251.html，2023-9-3

三、服装与服饰手造装饰工艺的价值与作用

近年来,越来越多的中国设计师把中国的传统文化搬上世界舞台,他们在服装与服饰设计中大量运用中国传统元素和手工工艺,并融合西方手造工艺创新出别具一格且具有东方魅力的设计作品,使中国文化大放异彩,向世界时尚舞台传递中国传统美学,揭开东方文明的神秘面纱。如在盖娅传说·熊英2020春夏系列巴黎专场发布会上,设计师以中国戏曲元素为灵感主线,通过中国刺绣和法式刺绣工艺的融合创新,无论是服装款式,还是装饰图案、工艺等都完美展现和赓续了中国上下五千年来的血脉文化(如图7-10)。保护中国传统服饰手造装饰工艺,挖掘和继承中华优秀传统文化,讲好中国故事,增强中华文明传播力和影响力,是舞台服装设计师在新时代背景下的重要使命,同时可以更好地满足人们对于古代优质文化内涵的追求,更符合现代服装与服饰的审美需求。党的二十大报告指出,"坚守中华文化立场,提炼展示中华文明的精神标识和文化精髓"。唤醒中华民族的文明记忆,在历史长河中捕获设计灵感,传承优秀的传统服饰手造装饰工艺,实现古为今用、洋为中用、守正创新、与时俱进,赋予舞台表演无与伦比的中国魅力,增强文化自信。

图 7-10 盖娅传说·熊英 2020 春夏系列巴黎专场发布会
图片来源:https://zhuanlan.zhihu.com/p/85662654,2023-8-30

（一）有助于设计师开拓思维为服装设计添彩

服饰手造装饰工艺在当今服装与服饰设计界十分流行,它使许多服饰材料获得了新生,同时赋予了作品新的内涵,别具人文价值。而更为重要的一点是,它常常会打破人们固有的思维模式,激发起设计师的创造力。这就需要设计师了解多学科的交叉知识,结合人文地域文化,进行发散思维的设计,让作品焕发生机。例如我国著名时装设计师梁子多年来一直坚持利用传统手工艺进行服装设计,每次的发布会都让人耳目一新。她将珠三角一带流行的古老非遗面料"香云纱"进行了工艺制作方面的改进,再结合传统刺绣编织工艺,设计出非常具有现代感的新中式风格的服饰,赋予了传统面料和款式新的生命力;这是传统服饰设计实践的创新之举,为传统服饰的发展打开了新格局(图 7-11)。

图 7-11 中国服装设计师梁子的香云纱作品
图片来源:https://www.dutenews.com/n/article/6621185,2023-9-3

由于观众观赏和审美的不断提升,这些传统面料和手工艺也逐渐登上演艺舞台。如在戏剧、影视作品中为了彰显人物的身份和地位,设计师将传统工艺面料应用于戏剧人物形象造型设计(图 7-12、图 7-13)。事实证明,服装与服饰手造装饰工艺的发挥有着无穷空间,在服装设计方面,它有助于开拓设计思维,可以更好地表达设计师的设计主题与情感。

图 7-12　电影《满江红》中的人物服装运用龟裂纹香云纱布料
图片来源：https://www.xiaohongshu.com/explore/63cfd4ad000000001b027baf，2023-9-3

图 7-13　电视剧《鬓边不是海棠红》中的人物服装采用非遗面料漳绒缎
图片来源：https://yule.360.com/detail/502526，2023-9-3

（二）体现服装设计的创造性和个性化特征

　　由于生活环境、文化修养、兴趣爱好等方面的差异，人的个性是多样的，服饰手造装饰工艺的表现形式也是千变万化的，可以根据需要表现出不同的个性特色。如刺绣工艺单从技法上看就不少于一百种，每一种又有不同的特点。如在舞台服装上要体现强烈的舞台视觉效果，可以用较大的立体廓形和色彩艳丽的贴布绣、亮片、珠绣等工艺做装饰（图 7-14）。

成衣制造过程中,当综合材料与工艺配合应用时,不同的服饰手工艺与服装造型、款式、纹样、色彩和谐地搭配,创造出不同的装饰肌理效果,使得服装的个性特色表现得更加鲜明突出,碰撞出意想不到的别样火花(图 7-15)。

图 7-14　创意舞台化妆造型

图片来源:https://www.meipian.cn/1sh781ks,2023-8-30

图 7-15　造型师毛戈平的作品"气蕴东方"

图片来源:https://www.cqcb.com/hot/2020-09-21/3022211_pc.html,2023-9-3

（三）增强服装与服饰的表现效果和艺术性

作为中国设计师，多会从古老而又神秘的东方美学中汲取灵感，中华各民族通过传统服饰装饰手工艺这种物化的载体来承载和记录自己的文化与历史，当今设计师通过服饰表达对祖先的深厚情感，传承着民族根基，在创新中不断赋予服装设计新的生命力，并表现独特的个性和审美价值。中国服饰发展历经千年经久不衰，依然经得起历史和时间的考验，时至今日仍然具有极高的艺术文化价值。在服装制作过程中，传承传统手工艺创新发展新的表现形式可以使作品更具艺术表现力，体现设计师的文化内涵，提升服装与服饰的艺术价值和观赏性。中国知名造型师毛戈平的"气蕴东方"艺术造型大秀已经连续多年（如图 7-16）。毛戈平始终以源远流长的中华民族传统文化为灵感，以非凡的创造力将东方美学的理念融入时尚创意，运用丰富而细腻的色彩晕染，飘逸俊朗的线条勾勒，精美巧妙的花饰装饰，穿梭在光影与立体结构中刻画属于中国的新中式妆容，而服装则以西式礼服为基础款式运用中国传统织锦缎面料、中式纹样、刺绣装饰工艺等塑造艺术形象。在历届大秀中毛戈平善于用潮流时尚的方式唤醒古老的东方文明，展现历代中国人的审美情趣和新时代中国人对和谐共生、天人合一、优雅品位的精神追求。

图 7-16　2020 毛戈平"气蕴东方"大秀

图片来源：https://www.xiaohongshu.com/explore/5dc3b3330000000001005160？xsec_token＝AB8lEhAUECaHNl80cLBw2l0XCXJFM8JQqk8c7vi-bWZ3g=＆xsec_source＝pc_search，2023-8-30

四、服装与服饰手工艺的分类

（一）传统手工艺

1. 刺绣

又名"针绣""手绣"，俗称"绣花"。以绣针引彩线（丝、绒、线），按设计的图案，在丝绸、布帛等织物上刺缀运针，以绣迹构成纹样或文字，是中国古老的民族传统工艺之一。

2. 手绘

运用毛笔、画笔等绘画工具蘸取纺织颜料按照设计意图进行绘制。有很多布料在生产时就会采用手绘的方式印染花色，也可以根据服装的整体风格设计图案并绘制在成衣上。绘制技法可以采用中国画的绘画技法等。

3. 编织

把细长的绳线或者布条互相交错或者钩连而组织起来，形成装饰面。

4. 拼布

把各种形状、色彩、质地、纹样的布料按照图谱或图案一块块拼接起来，做成实用性或艺术性的布艺作品。

5. 扎染

古称扎缬、绞缬，古代常见的防染印花纺织品有绞缬、蜡缬和夹缬等种类，是民间传统而独特的染色工艺。织物在染色时将其一部分结扎起来使之不能着色而形成图案，是中国传统的手工染色技术之一。

（二）现代装饰技法

1. 花饰

用绢花、布花等做饰品，装饰在成衣上可以达到立体的视觉效果。

2. 造型

经过面料的立体造型、剪、挖和补后，形成新的造型效果。

3. 喷绘

设计师根据设计主题用电脑设计花样图案，然后通过数码喷绘技术喷印在坯布上。色彩丰富，可以喷印上万种花色的高清精细图案。

4. 做旧

通常用在仿古物品、仿制文物上，目的是使其表面呈现旧的视觉效果，看起来更接近所仿制的那个时代。后来随着复古风潮的流行，越来越多的设计师把做旧用在了成衣上，主要运用水洗、补丁、漆艺等技术对服饰进行处理，以达到一种特定的"旧"的视觉效果。这种技法常被应用在舞台影视年代剧的人物服装设计中，从而使舞台效果更接近真实的年代。

5. 灼烧

利用火在天然动植物面料成衣上做出大小不一、形状各异的空洞来，在空洞的周围会有土棕色的燃烧痕迹，同时会出现灼烧的做旧质感。

6. 手推绣

延续苏绣的手法，采用专供缝纫、刺绣的机器，配合灵活的手部操作，根据设计绣样图纸以人机结合的方式进行推绣，大大加快了绣花制作的速度，提高了服装制作的工作效率。

五、服饰手造装饰工艺实践

（一）刺绣的源流

刺绣是中国优秀的民族传统手工艺，中国刺绣又称丝绣、针绣，主要用于生活用品和艺术品的装饰，如服装与服饰、床上用品、台布、舞台、艺术品的装饰等。中国是世界上发现并使用蚕丝最早的国家，人们在四五千年前就已经开始养蚕、缫丝了。随着蚕丝的使用、丝织品的产生与发展，刺绣工艺也逐渐兴起。刺绣是用手针将丝线或者其他纤维、纱线在织物上穿行，形成装饰图案的一种艺术加工手段，据《尚书》记载，四千年前的章服制度就规定"衣画而裳绣"。目前能看到的最早的刺绣实物是荆州战国楚墓出土的"龙凤虎纹绣罗"，这是一幅保存完好的、完全用锁绣针法制作完成的刺绣作品（图7-17）。

图7-17　龙凤虎纹绣罗

图片来源：https://www.mafengwo.cn/i/10789398.html，2023-9-3

　　魏晋至隋唐期间，佛教盛行，为示虔诚，信教徒会选择费工费时的刺绣作为绘制供养佛像的一种方式，称为绣佛。受佛教为代表的外来文化与本土文化的交融贯通的影响，工艺精湛、色彩华美的刺绣已经不再局限于服饰上的装饰，而是发展成了纯观赏性的刺绣佛像，刺绣画成了艺术品。唐代刺绣在针法上不断推陈出新，已有数十种针法，出现了平绣、打点绣、绘襦绣等多种针法。绘襦绣又称退晕绣，即现代所称的戗针绣。它可以表现出具有深浅变化的不同的色阶，使描绘的对象色彩富丽堂皇，具有浓厚的装饰效果。敦煌出土的唐代绿绫地刺绣蝶恋花纹幡头就是以平针二色推晕或三色推晕绣出牡丹、蝴蝶纹样，牡丹以黄、绿、红、褐等色与绿色相结合，对比强烈，富丽堂皇（图 7-18）。

图 7-18　唐代绿绫地刺绣蝶恋花纹幡头
图片来源：https://huaban.com/pins/1900955093，2023-9-3

　　宋代刺绣越来越精细化，工具也有所改良，材料不断创新，针法变化丰富而多样，出现了的"女红"文化，并与其他艺术相结合。宋代文人积极参与，刺绣发展成与绘画书法相结合的艺术，在艺术品位和境界旨趣方面趋于一致，运针用色如用笔敷彩，并极尽追摹绘画原作的笔墨线条、色彩浓淡和神采气韵，形成了画师供稿、刺绣艺人绣制的新发展趋势。在一幅宋绣作品中（图 7-19），以黄筌真迹为粉本，绣面色彩明丽，翠鸟栖于莠草上，体态轻盈，以散套针、掺针、施针、游针、缠针等绣芙蓉、芦草、羽翅等，鸟冠帻用套针加长短施针绣成，鸟睛盘绣而成，富有神韵。莠草叶、花叶、花朵均用长短针铺陈，晕色自然，造型准确，绣技精湛，说明宋代的绘画对宋绣的影响很大。绣图右侧绣有"五代黄筌真迹"六字，钤"宣统御览之宝"玺。

图 7-19　宋代刺绣黄筌画翠鸟芙蓉图
图片来源：https://baijiahao.baidu.com/s? id=1640125310643038730&wfr=spider&for=pc，2023-9-3

　　宋代缂丝工艺起源于河北定州，至清代缂丝业中心已移至苏州一带。缂丝又称"刻丝"，是中国传统丝绸加工工艺的精髓（如图 7-20）。以桑蚕丝生丝为经线，彩色熟丝为纬线，采用"通经断纬"技法，以数十个装有各色纬线的舟形竹梭和竹制的木梳形小拨子，按预先设计绘制在经面上的图案轮廓，不断地变换梭子来回穿梭织纬，分块缂织的织法显现花纹边界，产生类似雕琢镂刻的效果，呈现双面立体感的平纹丝织工艺（如图 7-21）。素有"一寸缂丝一寸金"和"织中之圣"的盛名（如图 7-22、图 7-23）。

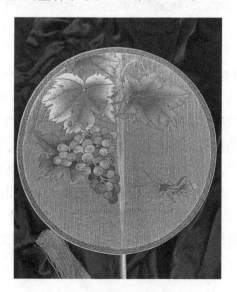

图 7-20　缂丝工艺团扇
图片来源：https://baijiahao.baidu.com/s? id=1694342012723121217&wfr=spider&for=pc，2023-8-30

图 7-21　缂丝织机 在经面上绘制图案轮廓

图片来源:https://baijiahao.baidu.com/s? id=1694342012723121217&wfr=spider&for=pc,2023-8-30

图 7-22　宋缂丝作品朱克柔的莲塘乳鸭图

图片来源:https://www.douban.com/group/topic/216770918/? _i=47268563e47R4v,2023-9-3

图 7-23　明代缂丝作品凤凰牡丹纹片

图片来源:https://www.huaxia.com/c/2021/10/19/828726.shtml,2023-9-3

　　明清时期中国传统手工艺进入高度发达的时代,刺绣发展进入黄金时期,流行于社会各阶层。大量的绣坊应运而生。主材料最初为不丝线,经明代手造艺人不断创新出现了发丝绣、纸绣、贴绒绣等新型材料(如图7-24),据记载,甚至孔雀羽毛也被应用到刺绣中。传统的吉祥图案如松鹤、鸳鸯、如意、石榴等广泛应用到服饰品中(如图7-25、图7-26)。

图 7-24　明代发绣作品达摩渡江图(局部)

图片来源:https://mp.weixin.qq.com/s?__biz=MzI1NzkwNTg4Nw==&mid=2247492371&idx=1&sn=f6320d17659b9995ffea53ff28df153b&chksm=ea12e6a3dd656fb5e5bc4403fa29a905bbdd73f7ed06b978899f6c3486b7ead1f3a0c46a3047&scene=27,2023-9-3

图 7-25 明代香色芝麻纱绣过肩蟒女长衫

图片来源：https://www.sdmuseum.com/art/2021/5/26/art_270640_4322.html，2023-8-30

图 7-26 清代海水江崖盘金绣龙凤如意氅衣

图片来源：https://www.xiaohongshu.com/explore/62c8c78f000000000d027444，2023-9-3

　　刺绣工艺的兴盛促进了流派与风格的发展，形成多种流派与风格并存又争奇斗艳的局面。其中最为出挑的为江苏的苏绣、广东的粤绣、湖南的湘绣、四川的蜀绣，它们有四大名绣之称。此外还有北京的京绣、山东的鲁绣等，均根据当地的历史人文形成了具有地域特色的手造工艺。

中国传统刺绣工艺历经千年的风雨。随着现代社会工业化的深入，缝纫机手推绣、电脑数码刺绣等工艺的出现大大提升了制作速度，手工艺匠人在不断地减少，很多手工技艺即将或已经失传，很多作品成了绝世佳作。习近平总书记对非物质文化遗产保护工作作出重要指示："要扎实做好非物质文化遗产的系统性保护，更好满足人民日益增长的精神文化需求，推进文化自信自强。要推动中华优秀传统文化创造性转化、创新性发展，不断增强中华民族凝聚力和中华文化影响力，深化文明交流互鉴，讲好中华优秀传统文化故事，推动中华文化更好走向世界。"在现代服装设计中，传统刺绣不断被设计师们搬上世界的时尚舞台，中国的传统刺绣工艺也越来越受到人们的喜爱。设计师们传承传统刺绣之长，尝试新工艺、新材料、新技法，并与现代纹样设计和款式不断创新融合，强化刺绣设计的视觉效果，发展引领东方美学的中国特色传统手工艺（图 7-27）。

图 7-27　盖娅传说·熊英 2020 春夏系列巴黎专场发布会

图片来源：http://ishare.ifeng.com/c/s/v002BpRsqafRnTeCCaZiJqFtFgFsxf5N7eF-_WrXtC-_pTnqQ，2023-9-3

（二）山东传统非遗——鲁绣

鲁绣是中国古老的传统刺绣手工艺代表之一，是山东地区的代表性刺绣，因山东省简称"鲁"得名。鲁绣是历史文献中记载最早的绣种之一，其源头可追溯到春秋战国时期的鲁缟，至秦而兴盛，到汉已普及，属于中国"八大传统刺绣"之一。鲁绣绣品擅长表现中国传统绘画中的笔墨效果，花样繁多、质感逼真，受地域文化的影响风格粗犷豪放中见精微，极具齐鲁地方特色，承载着齐鲁传统文化，是中华民族悠久传统刺绣文化的重要组成部分。

2021 年 5 月 24 日,鲁绣经国务院批准列入第五批国家级非物质文化遗产名录。

鲁绣在《史记·货殖列传》中有"冠带衣履天下"之称,据《汉书》记载:"齐三服官作工各数千人,一岁费数巨万。""齐三服官"是汉代鲁国齐地为宫廷制作制品的官方手工业机构,主要制作王公贵族的官服。根据以上史书记载可知,鲁绣自古代以来是为帝王公卿服务的,但随着时代的变迁日渐走入寻常百姓家。鲁绣发展至今形成了诸多分支,主要有以下几种:衣线绣、济南发丝绣、烟台抽纱、即墨花边、青州府花边、雕平绣、蓬莱梭子花边、棒槌花边、手拿花边、网扣、满工扣锁、乳山扣眼、生丝台布、百代丽、烟台绒绣、临清哈达等。其中最为古老的绣种当属衣线绣,所用衣线原材料是较粗的加捻双股的来自北方特有的野生柞蚕丝丝线,在绣制过程中不劈丝。因此鲁绣与南方刺绣相比,在艺术风格上豪放中不失隽秀,图案苍劲粗犷,色彩艳丽,多使用高饱和度纯色和强对比色,用色大胆别具一格,针法豪放,粗中有细相互交错,构图生动自然,质地坚固耐磨,体现了山东地区劳动人民刚中带柔、豪爽大气的精神风貌。衣线绣是服装装饰的常用装饰手法,大多在领口、袖口、前胸、裙摆等处用衣线根据服装色彩和款式风格设计图案进行绣制。

山东博物馆藏传世文物"明代白色暗花纱绣花鸟纹裙"就是采用衣线绣的刺绣技法,在一片式百褶裙的裙摆处使用刺绣工艺装饰,用红、绿、蓝、黄、黑等蚕丝衣线绣制山石、小桥流水、牡丹、石榴花、蝴蝶、翠鸟、燕子、鸾凤等装饰纹样,裙面花纹图案生动,色彩艳丽,洋溢着春日气息,意境如诗画一般(图 7-28)。此文物是鲁绣工艺的传世佳作,观其服章之美,识其传统工艺与东方美学精神内涵。

图 7-28 明白色暗花纱绣花鸟纹裙局部图
图片来源:https://m. thepaper. cn/baijiahao_19129429,2023-9-3

博大精深的历史文化为后世设计师留下了无限的创造灵感,鲁绣传统工艺也在不断地传承创新。现代的工艺师融合了苏绣等刺绣技法,使画面更加精美,细节更加逼真,同时加入珠子、亮片等材质,增强立体感,使其更具装饰性与观赏性(图 7-29)。

图 7-29　鲁绣演出礼服
图来源：https://bbs.zol.com.cn/dcbbs/d1061_170323_0.html，2023-9-3

（三）刺绣针法

1. 平针系列针法

（1）平针绣

该绣法也称"直针绣"，根据出进针的方向不同又衍生出不同名称的针法，大多在底布上运用长短针、抢针、套针、虚实针等满绣针法，其针法细密绣面工整如平面，多采用棉线、桑蚕丝丝线，线色丰富多样有上百种色彩可供选择，根据画稿主题风格进行配色搭配。服装与服饰的装饰上多采用平针绣进行工艺装饰来提升服装的视觉效果与品质。

在同一个图案内的两点用绣线连接，针迹在同一个方向横直、竖直、斜直平行排列。通常随着图案转向的直针，称为缠针，适合绣制植物的藤蔓、茎、叶片从尖端开始随图形转换方向（图 7-30）。

长短针由内而外绣，形成长短针交错的放射状，先绣最里面一排，用深色绣线长短针交替刺绣，针迹长短不一、边口不齐，接下来在下一排用同类色系浅色号绣线从上一排针迹空隙中扩展，不断增加针数，后几排同理。绣线色彩在同类色系内由深到浅变化，长短针不断交替穿插绣制，过渡自然和谐，有融合调色的效果。此法常运用在动物羽毛、花瓣等需要虚实渐变过渡的图案纹样中（图 7-31）。

图 7-30　平针系列针法

图片来源：https://www.meipian.cn/30fn8np7，2023-9-3

图 7-31　采用长短针针法绣制的蝶恋花

图片来源：http://www.360doc.com/content/21/0427/13/38328421_974394356.shtml，2023-9-3

（2）盘金绣

用单线或双线的金线、银线根据设计花样盘旋其轮廓，用与之色彩相呼应的丝线将其钉饰固定在底布上，略显凸起，有一定的立体感。由于在古代使用的金银线都由纯金线纯银线相捻成股后加以钉饰，所以在服装与服饰上会有雍容华贵的艺术效果。在出土文物唐代半臂上面就有盘金绣实例(图7-32、图7-33)。现代金银线是在棉线外面裹上仿金材料,同样可以达到华丽闪耀的视觉效果。

图7-32　大红罗地蹙金绣半臂
图片来源:https://www.ciae.com.cn/detail/zh/36286.html,2023-8-30

图7-33　盘金绣
图片来源:https://mp.weixin.qq.com/s?__biz=MzU5NTY1MjUzMg==&mid=2247484322&idx=1&sn=8be58c054e26a4d8a2aff5d85fa5f077&chksm=fff22064bf30fe3feb8fabccb6793d655cbab721f7929&851c8b13d7ce1dd69c5797b55de91&mpshare=1&scene=23&srcid=0820Ah92VH6ZerRtOOCjYL1C&sharer_shareinfo,2023-8-30

(3)打籽绣

打籽绣又称结粒绣,用线打圈下针形成一粒"籽"状,故称"打籽"(图7-34)。

图 7-34　打籽绣绣片

图片来源:https://mp. weixin. qq. com/s?__biz=MzIxNjg0OTY2OQ==&mid=2247614193&idx=
3&sn=1ad65decf2539d1567cee8ab1c13ea12&chksm=96402a91fb5b90929b92e5b9777956798bd0aecb
60d4abb0a6ec62cf42d92abf295b96ee1cff&scene=27, 2023-8-30

线打结下针出针后,左手拉线右手持针,沿针尖绕三四圈线,在原出针处下针,入针前将左手线拉紧,形成环状小结犹如一个小颗粒状。打籽绣的颗粒变化多样,用线可粗可细,打籽可变化大小,根据图案纹样以点构面,可疏可密,用不同颜色的绣线搭配可做出色彩渐变与变化,使装饰部位更具肌理感和立体感(图 7-35～图 7-37)。

图 7-35　黑缎三蓝打籽绣荷包

图片来源:http://www. biftmuseum. com/collection/technics－info? sid=14773&feature_id=
39&colCatSid=6&nationSid=1#atHere,2023-8-30

图 7-36　清代如意打籽五彩老绣衣
图片来源：https://www.xiaohongshu.com/explore/625e5d4a000000002103b0dd，2023-9-3

图 7-37　清代如意打籽五彩老绣衣局部细节
图片来源：https://www.xiaohongshu.com/explore/625e5d4a000000002103b0dd，2023-9-3

（4）贴布绣

也称补花绣，源于缝补衣物上的破损空洞，将制作美观的图案花样缝补在衣服上，即布贴，后用在服装与服饰的装饰上。贴布绣将贴花布按设计图案剪样或拼贴在底布上，或者在贴花和绣面之间垫衬棉花等物，然后用针线沿边采用各种针法锁绣在底布上，使图案具有隆起的浅浮雕立体效果(图7-38、图7-39)。

图7-38　贴布绣布老虎

图片来源:https://mp. weixin. qq. com/s?__biz=Mzg4MDc2MDU2Mg==&mid=2247621966&idx=&sn=abeb088f2b4c3b8b926738f9af232880&chksm=ce3add29fa255c21ba9654478bb251eb5098818d1acdF3d157b337acd96bbd99bf759086262&mpshare=1&scene=23&srcid=0820apfIP65DhHXMbLmhsR15&sharer_shareinfo,2023-8-30

图7-39　手工莨棉贴布绣花外套

图片来源:https://mp. weixin. qq. com/s?__biz=MjM5MTg3MDg1NA==&mid=2650778369&idx=1&sn=4edc9746163f81ee573fb8014e9a6f5d&chksm=bf9e9d9fe3af0f9b77217d7a771834ba1b0b71373ae25ed3f4d1b0ce1c825613873a9aecccac&mpshare=1&scene=23&srcid=0820HSLXUDIAgVPAxyDw6YtS&sharer_shareinfo,2023-8-30

（5）钉片珠绣

用线串片或珠钉绣，按照一定的方向、次序、节奏、韵律在底布上纹成图案纹样的装饰性手工艺。钉片珠绣在古代多以昂贵的珍珠、珊瑚珠为材料，因此多用于皇室宗亲以及与佛教相关的服饰中，是华丽和奢华的象征。随着工业化的发展，珠绣材料不断地更新迭代，珠片逐渐被玻璃、塑料、亚克力等多种复合型材料所取代，形状与大小也有了丰富的变化，如环形、马眼形、凹凸片、多边形、仿珍珠、灌银管珠、仿猫眼珠、幻彩磨砂珠等。钉片珠绣可以让单调的服饰品变得耀眼夺目、珠光璀璨、多彩绚丽，常与线绣工艺搭配使用，形成层次渐变极强的立体视觉效果的艺术风格。钉片珠绣是传统手工艺的传承与发展的现代装饰手工艺，多用于婚纱、秀禾服、服装高定、舞台影视等服装中（图7-40～图7-42）。

图7-40　影视剧《小娘惹》服装中的珠绣装饰工艺

图片来源：https://baijiahao.baidu.com/s? id＝1676699331579317771&wfr＝spider&for＝pc，2023-9-3

2. 牙子、压条、织带装饰手工艺

在服装上镶缘现成的装饰织带花边，或用本色布或异色布料进行相近色或对比色搭配后，裁剪成压条或牙子镶嵌在服装领口、袖口、前胸等部位，起到装饰作用。明清服饰非常讲究镶边。镶边的形式变化多端，忽而宽边忽而窄边，有规律和有节奏地穿插交错镶缘、沿饰多条，新中式旗袍中常用此装饰工艺（图7-43、图7-44）。

图 7-41　中国云肩元素高定细节图
图片来源:https://www.duitang.com/blog/? id＝1112069275,2023-9-3

图 7-42　亮片和珠绣混合材料装饰效果
图片来源:https://www.duitang.com/blog/? id＝1019273396,2023-9-3

图 7-43　清代天青纱镶绣花边女衫

图片来源:https://www.thepaper.cn/newsDetail_forward_14449832，2023-9-3

图 7-44　新中式定制旗袍如意型镶条工艺

图片来源:https://www.xiaohongshu.com/explore/630a2a23000000001702e95e，2023-9-3